AUTOMOTIVE
VEHICLE DYNAMICS

自動車運動力学

気持ちよいハンドリングのしくみと設計

酒井 英樹 著

森北出版株式会社

● 本書のサポート情報を当社Webサイトに掲載する場合があります．下記のURLにアクセスし，サポートの案内をご覧ください．

https://www.morikita.co.jp/support/

● 本書の内容に関するご質問は，森北出版 出版部「(書名を明記)」係宛に書面にて，もしくは下記のe-mailアドレスまでお願いします．なお，電話でのご質問には応じかねますので，あらかじめご了承ください．

editor@morikita.co.jp

● 本書により得られた情報の使用から生じるいかなる損害についても，当社および本書の著者は責任を負わないものとします．

■ 本書に記載している製品名，商標および登録商標は，各権利者に帰属します．

■ 本書を無断で複写複製（電子化を含む）することは，著作権法上での例外を除き，禁じられています．複写される場合は，そのつど事前に(一社)出版者著作権管理機構（電話03-5244-5088, FAX03-5244-5089, e-mail：info@jcopy.or.jp）の許諾を得てください．また本書を代行業者等の第三者に依頼してスキャンやデジタル化することは，たとえ個人や家庭内での利用であっても一切認められておりません．

はじめに

　自動車が道路に沿って走るためには，ドライバが自動車の進路を「曲げる」必要がある．「曲げる」性能は，運転する楽しみに直結するため，自動車の重要な商品性の一つであり，いかに「気持ちよく曲がる」かについて各社が競っている．この競争に勝つためには，まず，開発車両の力学的な性能を高め，つぎに，ドライバが気持ちよく曲げられると感じられるように性能設計する必要がある．そのための理論と技術をまとめたものが本書である．本書の執筆方針はつぎのとおりである．

1. **内容を厳選した**：本書には，「曲がる」ための基礎理論だけでなく，商品性を高めるために必要な「気持ちよく曲がる」ための理論や技術も盛り込んである．その一方，使わない知識は省いてある．そのため，本書だけで車両開発に必要かつ十分な知識が得られるはずである．

2. **対象とする読者層を広く想定した**：「曲げる」ことに関係する技術者は幅広い．自動車メーカーの専門家の方だけでなく，たとえば，ゴム系メーカーの化学系技術者やIT系メーカーの情報系技術者の方もいる．このような方の中には，かつて勉強した力学の勘が鈍っている方もいらっしゃるだろう．本書は，そのような方にも読破して頂けるようになるべく平易に執筆した．

3. **即効性を重視した**：構成に配慮し，重要なことをなるべく前のほうに書いた．したがって，既存の教科書を完読されなかった方や，復習したい方にも本書は役に立つはずである．

4. **式を簡潔な形式で記した**：力学的に意味のある形式で式を表すと，簡潔になる．そのため本書では，現在一般的に使われる形式よりも簡潔な形式を使って式を記してある．

5. **力学的解釈を重視した**：著者のメーカー勤務時代の同僚は，車両の運動理論を駆使していた．彼らが理論を駆使できる下地は，運動方程式の論理的理解と，現象の直観的理解とがセットになっていたことであると著者は考えている．論理的理解と直観的理解とを同時に満たすのは，因果関係に基づく理解法であろう．そこで本書は，因果的説明と論理的説明，直観的説明の三つをできるだけ述べた．

6. **表計算ソフトによる車両応答計算法を紹介した**：読者自らが車両応答を計算することによって，本書の理解がより深まると思われる．そこで，あらゆる読者がもっていると思われる表計算ソフトを使った計算法を紹介した．これは，学部生でも15分位で作れるので，ぜひ作成し，パラメータスタディーして頂きた

い．なお，このソフトを著者も活用しており，第 3 章や第 7 章に図に示される応答も，このソフトを用いて計算した．

　以上の執筆方針のため，本書は，古典的名著だけでなく最新の論文もたくさん参考にさせて頂いた．本書が執筆できるのは，それらの著者の方々のおかげである．さらに，それらの著者に限らず，多くの技術者の論文や知見からも，本書は有形無形の恩恵を受けている．さらに，テストドライバの方々には「気持ちよさ」の評価方法についてご教示頂いた．したがって，操縦安定性にかかわるすべての方に感謝の気持ちを申し上げる次第である．

　最後に執筆にあたり，ご指導ご鞭撻を頂いた森北出版出版部の太田陽喬氏と村瀬健太氏，執筆のきっかけを作って下さった近畿大学工学部教授の竹原伸先生，内容を確認して下さった刑部朋義氏と大木幹志氏に感謝の意を表します．

2015 年 11 月

酒井英樹

目　次

序　章　本書の構成　　1

第 I 部　機械的性質としての操縦安定性

第 1 章　自動車の運動方程式　　6
1.1　車両の長さや重さ　　6
1.2　タイヤの性質　　15
1.3　操舵系の性質　　18
1.4　サスペンションの性質　　21
1.5　切れ角変化を加味したコーナリング係数　　22
1.6　運動方程式の導出　　27

第 2 章　半径一定で旋回するときの性能　　35
2.1　定常円旋回　　35
2.2　物理変数が決まるしくみ　　36
2.3　車体の横滑りの性質　　38
2.4　舵角と車速との関係　　42
2.5　等価コーナリング係数の設定方針　　48

第 3 章　動的な操舵応答の基本性能　　49
3.1　共振現象　　49
3.2　sin 波で操舵したときの応答　　65
3.3　タイヤの横変形を考慮したときのヨー共振　　70
3.4　後輪等価コーナリング係数と前輪等価コーナリング係数との関係　　74

第 4 章　旋回の限界　　75
4.1　タイヤの摩擦係数　　75
4.2　定常円旋回の限界性能　　78
4.3　sin 波で操舵したときの限界性能　　82
4.4　転覆のしにくさ　　90
4.5　限界性能の設計手順　　92

第 5 章　旋回中の減速時の安定性　　93
5.1　減速による運動方程式の変化　　93
5.2　減速による旋回の変化　　99

第6章　外乱に対する安定性　103
6.1　道路横断勾配に対する安定性　103
6.2　轍に対する安定性　105

第Ⅱ部　ドライバが感じる車両の動き

第7章　腰で感じる操舵直後の車両の動き　108
7.1　操舵直前の走行条件　108
7.2　操舵直後の車両の動き方　109
7.3　リヤコーナリングフォースを腰で感じるしくみ　120

第8章　手で感じるハンドルからの力　126
8.1　操舵直後の操舵反トルク　126
8.2　操舵反トルクによる尻振りモードの知覚　128
8.3　操舵反トルクの評価法　130

第9章　手で感じるハンドルの動き　137
9.1　フォースコントロール下の運動方程式　138
9.2　フォースコントロールにおいて安定であるための条件　139
9.3　フォースコントロール下の操舵応答　145

第10章　目で感じる車体のロール運動　151
10.1　ロール運動の表し方　151
10.2　ロールの固有振動数とそのモード　155
10.3　ロール運動がヨー固有振動数に及ぼす影響　160
10.4　ロールに伴うピッチ運動　162

第11章　スポーツ走行における旋回限界　170
11.1　旋回限界の表し方　170
11.2　車両企画諸元が旋回限界に及ぼす影響　173

第Ⅲ部　性能設計

第12章　諸性能の両立・向上技術　178
12.1　車両諸元と諸性能との関係　178
12.2　性能設計方針　185
12.3　各部品の設定方針　186
12.4　開発段階からのまとめ　190

発　展　制御下の車両運動のエッセンス　　**191**
A.1　代表的な車両運動制御　　191
A.2　ドライバによる車両の制御　　196

参考文献　　200
索　引　　203

主要記号

本書では,量または数を表す文字を斜体で,量も数も表さない文字を立体で記す.たとえば,ヨー角速度を表す添字は r,後輪を表す添字は r のように使い分ける.

記号	意味	備考
l	ホイールベース	
l_f	前輪〜重心間距離	
l_r	重心〜後輪間距離	
m	車両質量	
m_f	前輪が負担する車両質量 $(= l_\mathrm{r} m/l)$	
m_r	後輪が負担する車両質量 $(= l_\mathrm{f} m/l)$	
I_z	ヨー慣性モーメント	
k_N	ヨー慣性半径係数 $(k_\mathrm{N}{}^2 = I_z/(l_\mathrm{f} l_\mathrm{r} m))$	相場値は $k_\mathrm{N}{}^2 \approx 0.85 \sim 1.05$
$2K_\mathrm{f}$	前輪等価コーナリングパワ	
$2K_\mathrm{r}$	後輪等価コーナリングパワ	
C_f	前輪等価コーナリング係数 $(C_\mathrm{f} = 2K_\mathrm{f}/m_\mathrm{f})$	相場値は $100~(\mathrm{m/s^2})/\mathrm{rad}$
C_r	前輪等価コーナリング係数 $(C_\mathrm{r} = 2K_\mathrm{r}/m_\mathrm{r})$	相場値は $200~(\mathrm{m/s^2})/\mathrm{rad}$
V	車速	
r	ヨー角速度	
β	重心位置車体横滑り角	
β_f	前輪位置車体横滑り角	α はタイヤ,β は車体に用いる
β_r	前輪位置車体横滑り角	
α_f	前輪タイヤの見かけのスリップ角	
α_r	後輪タイヤの見かけのスリップ角	

序章
本書の構成

　自動車が「曲がる」ことを旋回とよぶ．旋回には2種類ある．

　一つ目の旋回は，「曲げる」である．これは，ドライバのハンドル操作（操舵）によって自動車を行きたい方向に「曲げる」ことである．操舵による旋回を**操舵応答**や**ハンドリング**とよび，その具合を**操舵応答特性**や**操縦性**とよぶ．

　操縦性は，自動車を操る楽しみを求める人々から注目される花形的な性能である．そのため，操縦性は，他車との競合が激しく，その競合のレベルは，単に「曲げる」ことよりも高度な「気持ちよく，曲げる」次元まで求められる．「気持ちよさ」とは，車両の曲がり具合についての目や手，腰などからの感覚情報を脳で総合的に処理した結果である．したがって，気持ちよく曲げることのできる自動車を開発するためには，「腰で感じる車両の動き」や「手で感じるハンドルからの力」，「手で感じるハンドルの動き」，「目で感じる車体の動き」など，感性領域における力学的知識や，それらを実現するための性能設計技術が必要である．

　二つ目の旋回は，「曲げられる」である．これは，ドライバが操舵しないのに，自動車が「勝手に」旋回することである．たとえば，強風にあおられて，ドライバの行きたくない方向に旋回することであり，曲げられないほど運転しやすい．この曲げられにくさの性能を**安定性**[†]とよぶ．安定性は，安心して運転するために必要な性能である．ただし，安定性は受動的な性能であるため，曲げられ方の「気持ちよさ」は問われない．そのため，他車との競合のレベルは旋回の「大小」の次元であり，車両の機械的な性質だけで性能を評価できる．

　操縦性と安定性を総称して**操縦安定性**とよぶ．操縦安定性の技術的な特徴の一つは，「極めて簡単」な運動方程式で，操舵応答特性の基本的性質を表せることである．「極めて簡単」とは，たとえば，操舵に対する旋回の速さの基本的性質を表す式が2次方程式になるため，解が文字式として得られることである．

　操縦安定性のもう一つの特徴は，操縦安定性はさまざまな性能から成る総合性能であることである．そのため，総合性能を高度に成立させるための技術は，基礎的なも

[†]　「安定性」は，二つの意味で用いられる．一つの意味は，「外乱に対する動き方」であり，もう一つの意味は，「もとの状態に戻ろうとする性質」である．本書では「外乱安定性」や「旋回中の減速安定性」のように「安定性」を性能名に冠するときだけは前者の意味で使い，それ以外では後者の意味で使う．

のから応用的なものまで多岐にわたる．そこで，これらの技術を本書では3段階に分けている．その第1段階は「機械」としての観点からの自動車の曲げやすさ・曲げられにくさである．第2段階は「人間の感覚」としての観点からの曲げやすさである．第1，2段階を統合し，全体の最適化を図るものが，第3段階である「操縦安定性の性能設計」である．これら第1〜3段階をそれぞれ第I〜III部として構成し，各部ごとに優先度の高いものを配置することを原則にした．本書の構成を図1に示す．

第I部として，第1〜6章では，純粋な力学の面から操縦安定性を述べる．まず，第1章では，最も基礎的な運動方程式を導く．第2章では，最も基礎的な性能である，操舵に対する旋回の大小について述べる．第3章では，操舵に対する旋回の「速さ遅さ」について述べる．第4章では，つぎに重要な性能である限界性能について述べる．限界性能とは，タイヤに最大摩擦力が生じるときの操縦安定性であり，衝突を避ける場面を想定している．ここでは，その基礎となる限界の高さと，限界に達した後のスピンのしにくさ，転覆のしにくさについて述べる．第5章では，そのつぎに重要な性能である加減速時の安定性を述べる．加減速時の安定性とは，カーブを走行中にブレーキを踏んだりアクセルをオフしたときのカーブからの逸れ具合であり，オーバースピードでカーブに進入したときの減速する場面などを想定している．この安定性が高ければ，カーブでの安全性が増す．第6章では，道路の水はけ勾配や轍に対する安定性について述べる．

第II部として，第7〜11章では曲げ方の気持ちよさについて述べる．まず，第7章では，「腰で感じる車両の動き」として，操舵した瞬間の車両の動き方について述べる．第8章では，「手で感じるハンドルからの力」について述べる．第9章では，「手で感じるハンドルの動き」として，ハンドルを力によって操作するときのハンドルや車体の動き方について述べる．第10章では，「目で感じる車体の動き」として，操舵したときに車体が傾くタイミングが旋回の「スムーズさ」に及ぼす影響について述べる．第11章では，サーキットなどでのスポーツ走行を想定して，減速しながらの旋回や，旋回から加速へ移行するときの限界性能について述べる．

第III部として，第12章では，以上で述べた性能の総合性能としての操縦安定性を成立させるための方策について述べる．まず，車両の部品を表す物理量（設計変数）を基準に，各性能間の相互関係をまとめ，これをもとにした各設計変数の設定法を一覧表にしてまとめる．最後に，操縦安定性の向上法をエンジニアの立場ごとに分けて述べる．

発展編では，制御システムやドライバによって制御される車両の運動のエッセンスを述べる．

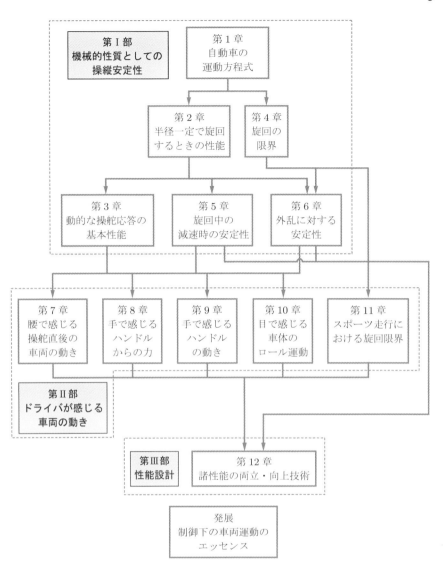

図1 各章の関係

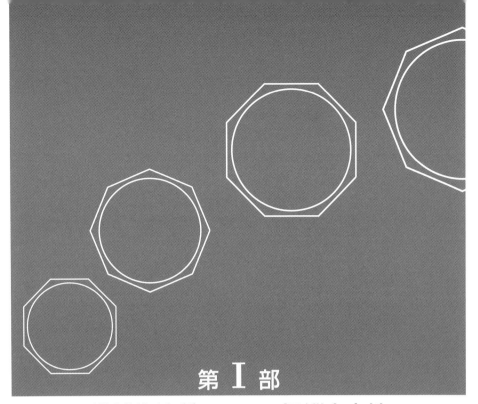

第Ⅰ部
機械的性質としての操縦安定性

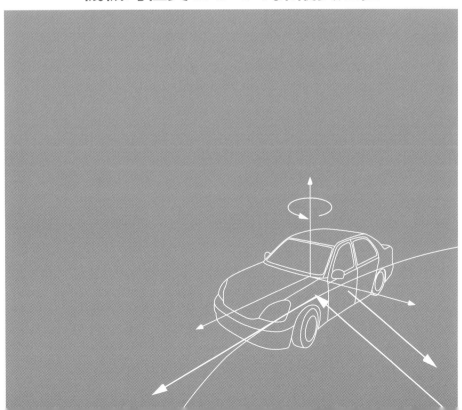

第1章 自動車の運動方程式

　この章では，操縦安定性を表す最も単純な運動方程式を導く．この式の一つ目の特徴は，実車の操舵応答の性質がおおむね再現できることである．二つ目の特徴は，式が単純であるため，操舵応答の基本的性質を文字式で表すことができることである．

　一つ目の特徴である実車の操舵応答の再現のために，ハンドル回転軸の変形を運動方程式に加味する必要について述べる．つぎに，二つ目の特徴のため，操縦安定性の理論には文字式が多用される．式中の項の数が少ないほど，文字式の意味をつかみやすい．そこで，項の数を減らすための車両全体の重さやタイヤの性質の表し方についても述べる．

　この章の流れはつぎのとおりである．まず，車両全体の長さや重さなどの表し方，つぎに，タイヤの力，さらに，ハンドルの軸変形やサスペンション変形によるタイヤ力変形を述べる．これらを使って，最後に自動車の運動方程式を立てる．

1.1　車両の長さや重さ

　この節では，まず，座標系や車両の長さ・重心位置を定める．つぎに，車両の重さや回りにくさを，車輪にはたらく力の観点から表現する．

■ 1.1.1　座標系

　操舵すると車両の向き（方位）は変化するが，その変化の仕方は，東西南北どの方位に進んでいるかにはまったく関係ないし，車両が東西南北どこにあるかもまったく関係ない．このように，方位や場所は，車両の運動には余分な情報である．そのため，方位や位置を使って車両の運動を表すと，運動方程式は不必要に複雑になる．

　そこで，路面と車両との相対運動だけを抽出するために，運動を車両から観測しよう．その座標系を図 1.1 と表 1.1 に示す．この直交座標系 o-x-y-z の原点 o は車両の重心に固定され，車両前方に x 軸を，左方向に y 軸を，鉛直上向きに z 軸をとる．そのため，x 軸と y 軸は常に水平面内にある．

　速度の定義を図 1.2 と表 1.2 に示す．o と路面との相対速度を**車速**とよび，V と記す．V の x 軸方向の成分を前進速度とよび，u と記す．V の y 軸方向の成分は横速度

1.1 車両の長さや重さ 7

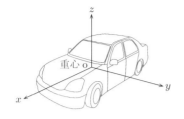

表 1.1 座標系の定義

軸	方向	軸の位置
x	車両前方	水平面内
y	車両左方	水平面内
z	車両上方	鉛直軸

図 1.1 車両の座標系

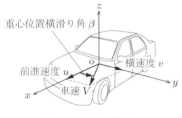

表 1.2 速度に関係する物理量の定義

記号	名称	方向
u	前進速度	x 軸方向
v	横速度	y 軸方向
V	車速	路面に対して o が進む方向
β	重心位置横滑り角	x 軸に対する V の向き

図 1.2 車両の速度

とよび，v と記す．u や v，V の単位は m/s である．また，x 軸に対する V の角度を**重心位置横滑り角**とよび，β と記す．β の単位は rad である．前述のとおり，この座標系は路面に対する車両の相対運動を表すので，V と β は，β の方向に速さ V で路面に対して車両が移動することを意味する．そのため，o から路面を観測すると，路面が β の方向から速さ $-V$ で車両に向かってくる．

つぎに，**角速度**について述べる．x 軸まわりの回転を**ロール**，y 軸まわりの回転を**ピッチ**，z 軸まわりの回転を**ヨー**とよび，その符号は，右ねじが各軸の正方向に進むときの回転方向を正とする．したがって，ロールは右への傾き，ピッチは前への傾き，ヨーや β は左に中心をみる回転がそれぞれ正である．z 軸まわりの，路面に対する車両の角速度を**ヨー角速度**とよび，r と記す[†]．r が，この項の冒頭で述べた方位変化を表す変数である．r の単位は rad/s である．$r > 0$ ならば車両の方位が変化し（たとえば東向きから北向きに），$r = 0$ ならば車両の方位は変化しない．これらの定義を図 1.3(a) と表 1.3 にまとめた．また，路面から観測した車両の運動として，r や β，V が一定の車両の路面に対する運動を路面から観測した例を図 1.3(b), (c) に示す．このとき，車両は円周上を旋回する．その旋回中心は，V に垂直な線上にある．T [s] 間の間に，この車両の x 軸や y 軸を路面からみた向きは rT [rad] 変化する．

つぎに，角度について述べる．車両の操舵応答の性質を表すうえで z 軸まわりの角

[†] この文字は英小文字 r（アール）のイタリック体であり，ギリシャ文字 γ（ガンマ）ではない．

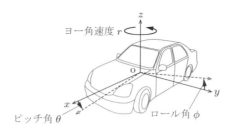

（a）車両の回転

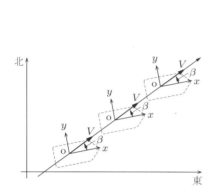

（b）β や V が一定の車両が地面に対する運動（$r=0$）

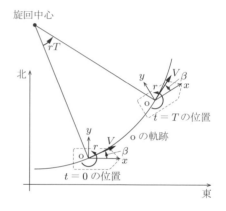

（c）r や β, V が一定の車両が地面に対する運動（$r>0, \beta>0$）

図 1.3　車両の角速度と運動の仕方

表 1.3　回転運動の定義

回転軸	正の方向	名称
x	右に傾く	ロール
y	前に傾く	ピッチ
z	左に中心をみて進む	ヨー

表 1.4　回転運動を表す物理量

記号	名称	回転軸
ϕ	ロール角	x
θ	ピッチ角	y
r	ヨー角速度	z

度（東西南北）は不要であるので，その記号は定義しない．一方，車体はサスペンションのばねを介して路面に拘束されているから，ロールやピッチは路面に対する角度にも意味がある．そこで，ロール角を ϕ，ピッチ角を θ と記す．ϕ や θ の単位はradである．これらの変数を表 1.4 にまとめた．

■ **1.1.2　寸法諸元**

図 1.4 に車両の寸法諸元を示す．後輪から前輪までの距離を**ホイールベース**とよび，l と記す．l のうち，重心から前輪までの水平距離を l_f，重心から後輪までの水平距離

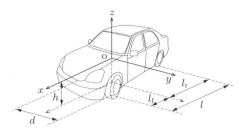

図 1.4 車両の寸法諸元

表 1.5 寸法諸元の記号

記号	名称
l	ホイールベース
l_f	前輪〜重心間距離
l_r	重心〜後輪間距離
d	トレッド（前後輪同寸法）
h	重心高

を l_r と記す．このように，添字 f は前輪を，添字 r は後輪を表し，この添字を以後すべての変数にも用いる．つぎに，右輪から左輪までの距離を**トレッド**とよぶ．前後輪のトレッドは等しいものとして，d と記す．さらに，路面から重心までの高さを**重心高**とよび，h と記す．これらの単位はすべて m である．以上の記号を表 1.5 にまとめた．

操縦安定性で想定する走行コースは国道や高速道路などである．そのため，旋回半径はトレッドよりも十分大きい．そこで，図 1.5 に示すように，左右輪を x 軸上に集約して合体する．さらに，この図では，ロール角やピッチ角は小さいとして無視してある．

この車両の表し方（モデル）は，前 1 輪，後 1 輪なので **2 輪モデル**や **2 輪車モデル**とよばれることがある．また，このモデルにおいて運動を表す物理量は，r と β の

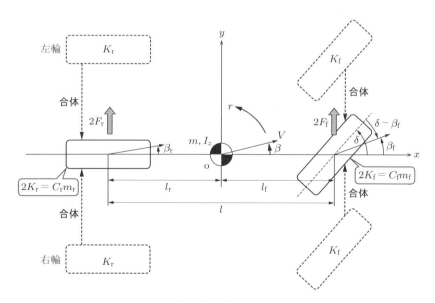

図 1.5 2 輪モデル

二つであるので，運動の自由度は2であり，これらは水平面内の運動である．そこで，このモデルは**平面2自由度モデル**とよばれることもある．なお，この図中には，これまで定義していない記号が含まれるが，それらは後で述べる．

■ 1.1.3　車両の重さ

まず，車両全体の重さについて述べる．

回転を伴わない運動を**並進運動**とよぶ．並進運動は，ニュートンの法則によって表される．すなわち，力がはたらかない限り物体は速度一定で直線運動し，力がはたらくと速度が変化する．速度の変化を**加速度**とよぶ†．したがって，物体に力がはたらくと加速度が生じる．力が一定なら，物体が重いほど加速度は小さい．これらの関係を式に表したものが**運動方程式**であり，「質量×加速度＝力」である．これまで「重さ」と書いてきたのは，**質量**のことである．同じ大きさの力では質量が大きいほど加速度が小さくなるから，質量は速度の変化のしにくさを表す量であり，その単位はkgである．そこで，車両全体の質量を**車両質量**とよび，mと記す．なお，mは，乗員や荷物を最大限に積んだ状態で定義する．

■ 1.1.4　車輪が負担する質量

車輪の負担について述べる．まず，重力加速度をgと記す（$g = 9.8 \text{ m/s}^2$である）．車両には$-mg$の重力がはたらき，重力はタイヤを介して路面（地面）にはたらく．この力とつり合うのは，路面がタイヤに与える力である．この力を**路面反力**とよび，F_zと記す．重力と路面反力との関係を図1.6に示す．

路面反力の大きさは**モーメント**のつり合い条件によって求められる．モーメントとは，回転運動において力に相当するものであり，「回転軸から着力点までの距離」×「力」で表される．**モーメントのつり合い条件**とは，ある点のまわりにはたらくモーメントの合計が**0**であることである‡．

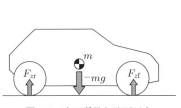

図1.6　車両質量と路面反力

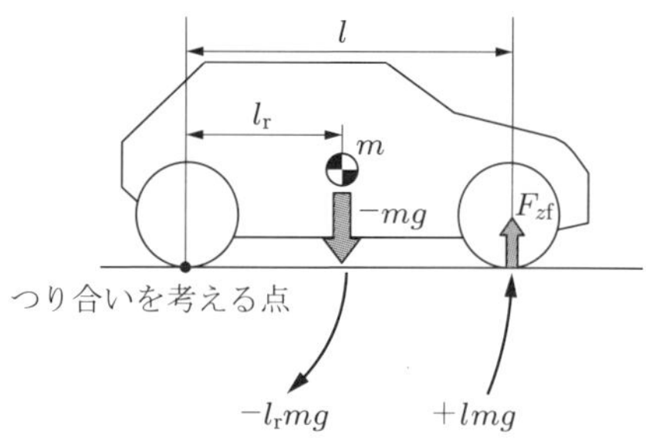

図1.7　後輪接地点まわりのモーメント

---

† 加速度の単位はm/s^2である．
‡ シーソーが回転しない条件と同じである．

前輪の路面反力 F_{zf} を求めよう．図 1.7 に示す，重力によるモーメントと，F_{zf} によるモーメントとの後輪まわりのつり合い条件は，両者の「回転軸から着力点までの距離」×「力」の合計が 0 だから，

$$lF_{zf} + (-l_r mg) = 0 \tag{1.1}$$

である．よって，F_{zf} は

$$F_{zf} = \left(\frac{l_r}{l}m\right)g \tag{1.2}$$

と求められる．つぎに，この式の ( ) 内を

$$m_f \equiv \frac{l_r}{l}m \tag{1.3}$$

と記す．m_f が，m のうち前輪の負担する分の質量である．

同様に，後輪の路面反力 F_{zr} は

$$F_{zr} = \left(\frac{l_f}{l}m\right)g \tag{1.4}$$

となるので，この式の ( ) 内を

$$m_r \equiv \frac{l_f}{l}m \tag{1.5}$$

と記す．m_r は m のうち後輪が負担する分の質量である．m_f と m_r の概念図を図 1.8 に示す．

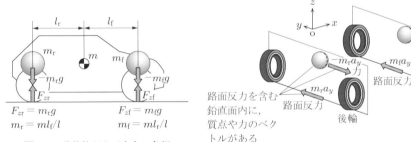

図 1.8 前後輪が上下方向に負担する質量

図 1.9 車輪が旋回時に負担する質量

つぎに，旋回の加速度を想定して，y 軸方向の加速度 $-a_y$ が重心にはたらく車両を図 1.9 に示す．この車両が回転せず y 軸方向につり合うためには，路面から車輪にはたらく y 軸方向の路面反力が必要である．質点とそれにかかる力のベクトル，そしてそれに対する路面反力のベクトルは，同じ鉛直面内にある．これらのベクトルの大きさは，前輪では $m_f a_y$，後輪では $m_r a_y$ である．したがって，m_f や m_r はそれぞれ加速度 $-a_y$ で旋回中の前輪や後輪の負担も表すのである．

■1.1.5 回転運動に対する車輪の負担

この項では，m_f と m_r を使って車両の回転のしにくさを表そう．

回転運動の運動方程式は，並進運動の運動方程式と同じ形式の「慣性モーメント×角加速度＝モーメント」である．**慣性モーメント**は，並進運動の運動方程式では質量に相当する物理量である．したがって，慣性モーメントが物体の「回転（角速度の変化）のしにくさ」を表す．慣性モーメントの単位は $\mathrm{kgm^2}$ である．表 1.6 に並進運動と回転運動の運動方程式の対比をまとめた．

表 1.6 並進運動と回転運動の運動方程式の対応

運動方程式の項	並進運動	回転運動
質量（慣性）	質量 m [kg]	慣性モーメント I [$\mathrm{kgm^2}$]
加速度	加速度 a [$\mathrm{m/s^2}$]	角加速度 $\dot{r}$ [$\mathrm{rad/s^2}$]
力	力 F [N]	モーメント M [Nm]
運動方程式	$ma = F$	$I\dot{r} = M$

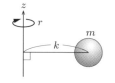

図 1.10 慣性モーメントのモデル

図 1.10 に示される，z 軸から距離 k の位置に質量 m がある場合の z 軸まわりの慣性モーメントを導こう（結果をご存知の方は，式 (1.10) にとんで頂きたい）．回転運動の運動方程式から，「慣性モーメント＝モーメント/角加速度」だから，慣性モーメントは，モーメントと角加速度との比である．そこで，ある角加速度を発生させるために必要なモーメントを求めることによって，慣性モーメントを導こう．

まず，角加速度の記号を定める．後で述べる z 軸まわりの回転運動を想定して，表 1.4 に準じて，z 軸まわりの角速度を r，その角加速度を $\dot{r}$ と記す．いま，図 1.11(a) ① に示すように，角加速度 $\dot{r}$ が生じたとする．質点の加速度② を a_m と記すと，回転軸から質点までの距離が k だから，a_m は

$$a_m = k\dot{r} \tag{1.6}$$

である．したがって，この質点は，ごくわずかな瞬間を観察すると，加速度 $k\dot{r}$ で円周に接する直線上を加速する．

物体が加速するためには，力が必要である．その力 f_m は，「質量×加速度＝力」だから，

$$f_m = ma_m = mk\dot{r} \tag{1.7}$$

である．この力を図 1.11(b) ③に示す．

つぎに，f_m をモーメント M_m に換算する．「モーメント＝回転軸から着力点までの距離×力」だから，M_m は

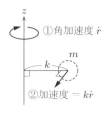 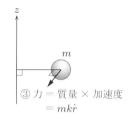 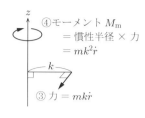

(a) 角加速度→加速度への換算　　(b) 加速度→力への換算　　(c) 力→モーメントへの換算

図 1.11　回転軸から離れた質点の慣性モーメント

$$M_\mathrm{m} = k f_\mathrm{m} \tag{1.8}$$

となる．よって，この式に式 (1.7) を代入すると，

$$M_\mathrm{m} = m k^2 \dot{r} \tag{1.9}$$

となる．M_m を図 1.11(c) ④に示す．

したがって，z 軸まわりの慣性モーメントを I_z と記すと，回転運動の運動方程式は $I_z \dot{r} = M_\mathrm{m}$ だから，

$$I_z = \frac{M_\mathrm{m}}{\dot{r}} = k^2 m \tag{1.10}$$

である．このように，k は，質量 m の物体の「慣性」モーメントを表す「半径」なので，**慣性半径**とよぶ．以上が一般的な物体の慣性モーメントについての簡単な説明である．

つぎに，車両の慣性モーメントについて述べる．図 1.1 に示した座標系の z 軸まわりの慣性モーメントを**ヨー慣性モーメント**とよび，I_z と記す．I_z の単位は kgm^2 である．

I_z を m_f と m_r とを使って表そう．この場合，質点が二つあるから慣性半径も二つ必要である．そこで，図 1.12 に示すように，質量 m_f の質点の k として $k_\mathrm{N} l_\mathrm{f}$ を，m_r の k として $k_\mathrm{N} l_\mathrm{r}$ を使う．ここで，k_N が慣性半径の大きさを表す無次元の係数であり，k_N を**ヨー慣性半径係数**とよぶ．図 1.13 に示すように，2 質点は，$k_\mathrm{N} = 1$ のとき車輪上にあり，$k_\mathrm{N} < 1$ のときホイールベース内にあり，$k_\mathrm{N} > 1$ のときホイールベー

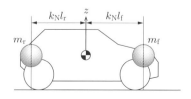

図 1.12　ヨー慣性半径（$k_\mathrm{N} > 1$ の場合）

14 第 1 章 自動車の運動方程式

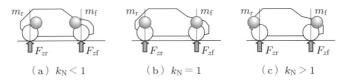

図 1.13 ヨー慣性半径の違い

ス外にある．なお，k_N が変化しても路面反力 F_{zf} と F_{zr} は一定である．

つぎに，k_N と I_z との関係を求めよう．m_f と m_r について式 (1.10) を使うと，

$$I_z = (k_N l_f)^2 m_f + (k_N l_r)^2 m_r \tag{1.11}$$

となる．この式の m_f と m_r に，式 (1.3)，(1.5) を代入すると，

$$I_z = k_N^2 l_f^2 \left(\frac{l_r}{l} m\right) + k_N^2 l_r^2 \left(\frac{l_f}{l} m\right) = k_N^2 l_f l_r m \tag{1.12}$$

となる．この式から k_N は

$$k_N = \sqrt{\frac{I_z}{l_f l_r m}} \tag{1.13}$$

となる．k_N が大きいほど，z 軸まわりの回転に対する車輪の負担も大きくなる．乗用車の k_N^2 は，0.85〜1.05 程度と報告されている[3]ので，これを丸めると $k_N \approx 1$ になる．したがって，実際の車両では，図 1.8 のように，質量 m_f の質点がほぼ前輪位置に，m_r の質点がほぼ後輪位置にあるのである．このことを利用して，車両の I_z が不明なとき，$k_N = 1$ とすることによって，I_z を大過なく見積もれる．

以上のように，図 1.5 のヨー慣性モーメント I_z は，図 1.14 に示す 2 質点によって表すことも可能であるので，図 1.5 と図 1.14 を都合によって使い分ける．

つぎに，x 軸まわりの慣性モーメントを**ロール慣性モーメント**とよび，I_x と記す．重心高 h が大きいほど I_x は大きくなる傾向があり，I_x の目安は

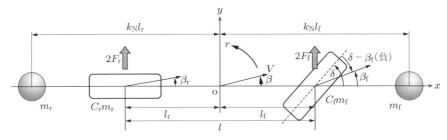

図 1.14 等価 2 輪モデルの 2 質点表示：みやすくするために $k_N = 2$ としているが，実際は $k_N \approx 1$ である．

$$I_x \approx mh^2 \tag{1.14}$$

である[6]．この式を使うと，車両の I_x が不明なとき，I_x を大過なく見積もれる．

最後に，y 軸まわりの慣性モーメントを**ピッチ慣性モーメント**とよび，I_y と記す．I_y は I_z の 0.85 倍程度である．

なお，I_z はタイヤの質量や慣性モーメントを含むのに対して，I_x や I_y は含まない．

1.2 タイヤの性質

車両はタイヤの力によって旋回する．その力を運動方程式に盛り込むために，この節ではタイヤの力や着力点を式で表す．まず，力について，つぎに，着力点について述べる．

■ 1.2.1 力の表し方

この項では，タイヤが生じる力を m_f や m_r を使った 1 次関数で表す．ここで，m_f と m_r はそれぞれ，前輪が負担する車両の質量 (1.3) と，後輪が負担する質量 (1.5) である．

図 1.15 に，点 O_t を中心とする円の周上を一定速度 V_t で旋回するタイヤを示す．この項では便宜上，タイヤは幅が 0 の円形で，変形しないものとする．そのため，タイヤが路面に接するのは点 P_t のみである．

旋回中のタイヤの回転面は，進行方向よりも旋回内側を向く．タイヤの回転面から

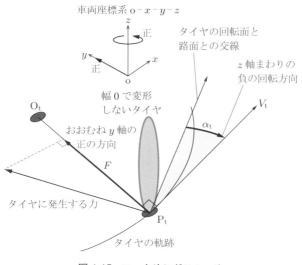

図 1.15 コーナリングフォース

みた V_t の角度を**スリップ角**とよび，α_t と記す．α_t の単位は rad である．α_t の正負は，図 1.15 中に示した車両の z 軸の回転方向の正負に合わせる．したがって，図 1.15 の α_t の符号は負である．

α_t が生じることによって，力が発生する．その力の成分のうち，車両を旋回させる力を**コーナリングフォース**とよび，F と記す．F の単位は N である．F の延長線上に旋回中心がある．そのため，F は V_t と直角に交わる†．

つぎに，F を式で表そう．図 1.15 に示すように，負の α_t によって正の F が発生する．そこで，$-\alpha_t$ と F との関係を図 1.16 に示す．$-\alpha_t$ に対して F は上に凸のカーブを描くが，このカーブのままでは運動方程式に盛り込みにくいので，図 1.16 に示す原点を通る直線として近似する．横軸の負号に注意すると，この直線の勾配は負であるので，勾配を $-K_t$ と表し，K_t を**コーナリングパワ**とよぶ．K_t の単位は N/rad である．

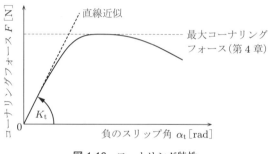

図 1.16　コーナリング特性

K_t を用いると，F は

$$F = -K_t \alpha_t \tag{1.15}$$

と表せる．したがって，K_t が大きいほど，$\alpha_t = 1$ rad あたりの F も大きい．

つぎに，旋回において K_t よりもさらに本質的な物理量を考えよう．旋回とは，中心に向かって加速し続ける運動であるから，旋回の大小を表すのは F ではなく加速度である．したがって，F を加速度に直した「F/車輪が負担する質量」のほうが，F よりも意味がある．

したがって，F を表すための K_t についても，K_t よりも「K_t/車輪が負担する質量」のほうに意味がある．そこで，「K_t/車輪が負担する質量」を本書では**コーナリン**

---

† タイヤ単体としては，F は「タイヤの進行方向に垂直な力」として定義される．タイヤの試験機には旋回の概念がないから，タイヤ単体としては，旋回中心を使わないこの定義のほうが便利である．

グ係数とよび†，C_t と記す．タイヤ1輪あたりの C_t は，前2輪のうち1輪が負担する質量が $m_f/2$，後輪1輪が負担する質量が $m_r/2$ だから，次式によって定義される．

$$C_{tf} = \frac{K_{tf}}{\left(\dfrac{m_f}{2}\right)} = \frac{2K_{tf}}{m_f} \tag{1.16}$$

$$C_{tr} = \frac{K_{tr}}{\left(\dfrac{m_r}{2}\right)} = \frac{2K_{tr}}{m_r} \tag{1.17}$$

また，タイヤ2輪あたりの C_t も

$$C_{tf} = \frac{2K_{tf}}{m_f} \tag{1.18}$$

$$C_{tr} = \frac{2K_{tr}}{m_r} \tag{1.19}$$

となり，1輪あたりでも2輪あたりでも C_t は同じである．C_t の単位は $(m/s^2)/rad$ であり‡，C_t の目安は 200 $(m/s^2)/rad$ 程度である．C_t を用いると，コーナリングフォース F は，つぎのように表される．

$$2F_f = -C_{tf} m_f \alpha_{tf} \tag{1.20}$$

$$2F_r = -C_{tr} m_r \alpha_{tr} \tag{1.21}$$

これらの式を運動方程式に盛り込む．

■ 1.2.2 コーナリングフォースの着力点

図 1.15 ではタイヤは路面と点接触すると仮定したため，F は点 P_t にはたらくとみなしたが，図 1.17 に示されるように実際のタイヤは路面と面接触し，F は，タイヤの接地中心からずれた位置にはたらく．この位置を，コーナリングフォースの着力点とよぶ．接地中心からコーナリングフォースの着力点までの距離を**ニューマチックトレール**とよび，ξ_p と記す．ξ_p の単位は m である．ξ_p の符号は，慣例に従って，接地点の後方にコーナリングフォースの着力点がある場合を正とし，運動方程式を立てるときに負号を付ける．

図 1.18 に α_t と ξ_p との関係を示す．ξ_p は α_t によって変化するが，そのままでは運動方程式に盛り込みにくい．そこで，$\alpha_t = 0$ のときの ξ_p を代表値として用いる．

---

† 一般に，コーナリング係数とは C_t/g を指す．この定義は，タイヤ単体に注目したものであり，車両運動に用いると，計算が複雑になるため本書では用いない．

‡ rad は無次元であるから C_t の単位は m/s^2 と考えることもできる．

18　第1章　自動車の運動方程式

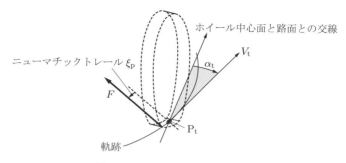

図 1.17　ニューマチックトレール

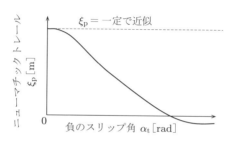

図 1.18　ニューマチックトレールの特性

1.3　操舵系の性質

ハンドルを回転させると前輪のタイヤの向きも変わる．この機構を**操舵系**とよぶ．操舵系の回転軸には弾性があり，旋回中にねじれる．その角度だけ，ハンドルの向きとタイヤの向きとに違いが生じる．この違いが操縦安定性に有意に影響する．そこで，この節では，ねじれ角を式で表すことを考える．

■ 1.3.1　操舵系の表し方

この項では，操舵系の各物理量を定義する．操舵系の概念図を図 1.19 に示す．**ハンドルの角度を舵角**とよび，δ と記す．δ の単位は rad である．δ の符号は，左回転を正とする．

δ が生じると，車輪の向きも変わる．車輪の操舵系の回転軸を**キングピン軸**とよぶ．ハンドルとキングピン軸との間には，ラバーカップリングなどのゴム部品が介在するため，弾性がある．したがって，ハンドルとキングピン軸との間でねじれ変形が生じる．その弾性を**操舵系ねじり剛性**とよび，G_{st} と記す．G_{st} の単位は Nm/rad である．そのため，操舵系に**トルク**[†]がはたらくと，G_{st} の分，ねじれ変形が生じる．

[†] 回転軸まわりのモーメント（回転軸をねじるモーメント）のことを，とくにトルクとよぶことが多い．その単位はモーメントと同様に Nm である．

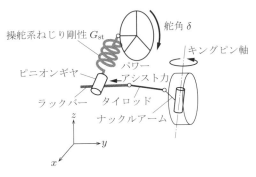

図 1.19 操舵系モデル（ラックアンドピニオン式）

操舵系にはたらくトルクは，前輪コーナリングフォース $2F_\mathrm{f}$ によるキングピン軸まわりのモーメントに起因する．キングピン軸まわりのモーメントアーム長を図 1.20 に示す．キングピン軸と路面との交点 $\mathrm{P_{kp}}$ からタイヤ接地中心 $\mathrm{P_t}$ までの距離を，**キャスタトレール**とよび，ξ_c と記す．ξ_c の符号は，$\mathrm{P_{kp}}$ よりも $\mathrm{P_t}$ が後方にあるときを正とする．

ξ_c とニューマチックトレール ξ_p との和を**トレール**とよび，ξ と記す．すなわち，

$$\xi = \xi_\mathrm{c} + \xi_\mathrm{p} \tag{1.22}$$

とする．キングピン軸はほぼ鉛直なため，ξ が F_f によるキングピン軸まわりのモーメントアーム長であり，ξ が大きいほど舵は重くなる．舵の重さを軽減するために，パワーステアリング機構を用いることがある．この機構では，操舵系に**パワーアシスト力**が付加される．本書では，簡単のためパワーアシスト力を等価的に ξ に換算する．

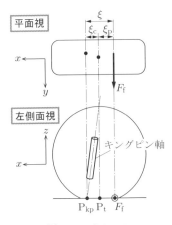

図 1.20 トレール

たとえば，$\xi = 0.03$ m の車両において，操舵系にはたらくトルクの 1/3 がパワーアシスト力による場合，$\xi = (1 - 1/3) \times 0.03 = 0.02$ m とする．

つぎに，G_{st} のねじれ変形が 0 の場合のキングピン軸まわりの車輪の回転角に対する 1 rad あたりの δ の角度 [rad] を**オーバーオールギヤ比**とよぶ．オーバーオールギヤ比は，パワーステアリング装着車では 17 程度，マニュアルステアリングでは 22 程度であるが，本書では簡単のために 1 とする．したがって，ねじれ変形が起こらないとき，キングピン軸まわりの車輪の回転角はハンドルの舵角 δ に等しいものとする．

■ **1.3.2 操舵系の切れ角変化**

この項では，G_{st} のねじれ変形量を求める．

車両が旋回すると，操舵系にトルクがはたらくために，G_{st} がねじれ変形する．そのため，ハンドルの向きとタイヤの向きが異なり，ハンドルの向きを基準にすると，タイヤの向きが変化する．このような「旋回に起因するタイヤの向きの変化」を**切れ角変化**とよぶ．切れ角変化の表し方は，横加速度 $1g$ [m/s^2]（左旋回）あたりの旋回†における角度で表すのが慣例である．ここで，g は重力加速度で，$g = 9.8$ m/s^2 であり，切れ角変化の単位は rad/(9.8 m/s^2) である．

つぎに，G_{st} の切れ角変化 δ_{st} を求める．前輪が負担する車両質量を m_{f} と記し，キングピン軸まわりのトルクを M_{kp} と記すと，横加速度が $1g$ [m/s^2] のとき，$2F_{\text{f}} = m_{\text{f}} g$ だから，M_{kp} は

$$M_{\text{kp}} = -\xi m_{\text{f}} g \tag{1.23}$$

となる．上式右辺に負号が付加される理由は，y 軸正方向（左向き）の $2F_{\text{f}}$ による M_{kp} が z 軸まわりの負の回転方向（平面視時計回り）の向きに生じるためである．一方，操舵系のねじり剛性 G_{st} のねじれ変形によって生じるキングピン軸まわりのねじれ角を δ_{st} と記すと，M_{kp} は

$$M_{\text{kp}} = G_{\text{st}} \delta_{\text{st}} \tag{1.24}$$

とも書ける．上の二つの式から M_{kp} を消去することによって，

$$\delta_{\text{st}} = -\frac{\xi m_{\text{f}} g}{G_{\text{st}}} \tag{1.25}$$

となる．δ_{st} の目安は，タイヤのスリップ角と同程度の -0.05 rad/(9.8 m/s^2) である．そのため，タイヤのコーナリング係数と同程度に操縦安定性に影響を及ぼすので，極めて注意を要するのである．

なお，パワーステアリングが装着されていると，そのパワーアシスト力が操舵系に作用する．この作用点が G_{st} よりもキングピン軸側にある場合，パワーアシスト力が

---

† この旋回では，旋回半径や車速，ねじれ角 δ，ヨー角速度 r，重心位置横滑り角 β はすべて一定とする．

受けもつ分のキングピン軸まわりのモーメントは，G_{st} にはたらかない．その分 G_{st} のねじれ変形は減るので，この場合の δ_{st} は，式 (1.25) よりも小さくなる．このように，パワーアシスト力が作用する位置の影響を δ_{st} は受ける．

1.4 サスペンションの性質

切れ角変化は，サスペンションにも生じる．サスペンションの切れ角変化の要因は多岐に及ぶので，ここでは切れ角変化量が最大と思われる二つの要因について述べる．ただし，その量は一般に操舵系の切れ角変化 δ_{st} の半分未満である．

■ 1.4.1 ロールによる切れ角変化

車体のロールに伴うサスペンションの幾何学的変化によって，切れ角変化が生じることがある．この切れ角変化を**ロールステア**とよぶ．ロールステアは，前輪にも後輪にも生じることがある．この項では，ロールステアによる切れ角変化の式を示す．

単位ロール角あたりの切れ角変化を**ロールステア係数**とよび，前輪のロールステア係数を N_f，後輪のロールステア係数を N_r と記す．ロールステアの単位は rad/rad（無次元）である．その符号は，x 軸まわりの正方向（右側へ）のロールによる z 軸まわりの正方向の回転（左側へ）の舵角を正とする．ロールステア係数の目安は，$N_f = -0.2 \sim 0$，$N_r = 0 \sim 0.2$ 程度である．

つぎに，ロール角 ϕ について述べる．横加速度に対するロール角の割合を**ロール率**とよぶ．ロール率は，慣例では横加速度 $0.5g$ [m/s^2] あたりのロール角 [deg] として定義される（g は重力加速度である）が，本書ではこれを横加速度 1 m/s^2 あたりのロール角と定義し，ϕ_1 と記す．ϕ_1 の単位は rad/(m/s^2) である．2000 年頃のロール率の目安は，$\phi_1 = 0.005$ rad/(m/s^2)（3 deg/(0.5g)）程度である[11]．

以上の記号を用いて，横加速度 $1g$ [m/s^2] あたりのロールステアによる前輪の切れ角変化を $\delta_{\mathrm{roll\,f}}$，後輪の切れ角変化を $\delta_{\mathrm{roll\,r}}$ と記すと，

$$\delta_{\mathrm{roll\,f}} = N_f \phi_1 g \tag{1.26}$$

$$\delta_{\mathrm{roll\,r}} = N_r \phi_1 g \tag{1.27}$$

となる†．これらがロールによる切れ角変化である．

■ 1.4.2 ブシュのたわみによる切れ角変化（後輪）

後輪のコーナリングフォース $2F_r$ が発生すると，サスペンションのブシュなどのゴム部品が変形する．それに伴う切れ角変化を**横力コンプライアンスステア**，または**横**

---

† 厳密には，タイヤのたわみ分のロール角は，ロールステアに寄与しないため，ϕ_1 から除く必要がある．

力ステアとよぶ．

単位コーナリングフォースあたりの横力ステアを**横力ステア係数**とよび，$G_{\mathrm{com\,r}}$ と記す．なお，$2F_\mathrm{r}$ は，左右輪に同時に加えるものとする†．$G_{\mathrm{com\,r}}$ の単位は rad/N である．その符号は，車両の座標系にならって，左向きの $2F_\mathrm{r}$ による左側への切れ角変化を正とする．$G_{\mathrm{com\,r}}$ の目安は $-2\times 10^{-6}\sim 1\times 10^{-6}$ rad/N 程度である．

横加速度 $1g$ [m/s^2] あたりの旋回では，$2F_\mathrm{r}=m_\mathrm{r}g$ だから，

$$\delta_{\mathrm{com\,r}} = G_{\mathrm{com\,r}}\frac{m_\mathrm{r}g}{2} \tag{1.28}$$

である．ここで，m_r は後輪が負担する車両質量である．この式によって，横力ステアによる切れ角変化が表される．

1.5 切れ角変化を加味したコーナリング係数

この節では，ここまでに求めた操舵系やサスペンションの切れ角変化をタイヤのコーナリング係数に加味する．

■ 1.5.1 切れ角変化の合計

前輪や後輪それぞれの**切れ角変化の合計**‡ をこの項で求める．なお，舵角 δ は切れ角変化に含まれない．

前輪の切れ角変化は，操舵系のねじり変形 δ_st とロールステア $\delta_{\mathrm{roll\,f}}$ の二つを想定する．つぎに，前輪の切れ角変化の合計を δ_f と記すと，δ_f は

$$\begin{aligned}\delta_\mathrm{f} &= \delta_\mathrm{st}+\delta_{\mathrm{roll\,f}} = -\frac{\xi m_\mathrm{f}g}{G_\mathrm{st}}+N_\mathrm{f}\phi_1 g \\ &= \left(-\frac{\xi m_\mathrm{f}}{G_\mathrm{st}}+N_\mathrm{f}\phi_1\right)g\end{aligned} \tag{1.29}$$

と表される．ここで，ξ はトレールであり，m_f は前輪が負担する車両質量，g は重力加速度，G_st は操舵系のねじり剛性，N_f は前輪ロールステア係数，ϕ_1 は単位横加速度あたりのロール角である．

後輪の切れ角変化として，ロールステア $\delta_{\mathrm{roll\,r}}$ と弾性変形による切れ角 $\delta_{\mathrm{com\,r}}$ の二つを想定すると，後輪の切れ角変化の合計 δ_r は

$$\delta_\mathrm{r} = \delta_{\mathrm{roll\,r}}+\delta_{\mathrm{com\,r}} = N_\mathrm{r}\phi_1 g + G_{\mathrm{com\,r}}\frac{m_\mathrm{r}}{2}g$$

---

† 右（左）輪にコーナリングフォースを加えると，右（左）輪だけに切れ角変化が生じるサスペンションと，左（右）輪にも切れ角変化が生じるサスペンションがある．そこで，この条件を加えることにより，どちらの場合でも同等に扱うことができる．

‡ コーナリングコンプライアンスとよばれることがある．

$$= \left(N_r \phi_1 + G_{\text{com}\,r} \frac{m_r}{2}\right) g \tag{1.30}$$

と表される．ここで，N_r は後輪ロールステア係数であり，$G_{\text{com}\,r}$ は後輪横力ステア係数，m_r は後輪が負担する車両質量である．

■ 1.5.2 切れ角変化を加味した後輪のコーナリング係数

δ_f と δ_r を，コーナリング係数に加味しよう．前輪には舵角があるために，加味の方法はその分複雑である．そこで，まず，後輪について考えよう．

図 1.21 は，横加速度 $1g\,[\text{m/s}^2]$ にて旋回中の左後輪のようすを，後輪の軌跡を基準に示したものである．図 (a) と (b) のタイヤは共通であり，どちらも後輪コーナリングパワ K_{tr} と後輪のタイヤのスリップ角 α_{tr} とによって，$-K_{tr}\alpha_{tr}$ のコーナリングフォースが発生している．一方，図 (a) と (b) との違いは切れ角変化 δ_r の有無である．図 (a) では，δ_r がないから x 軸とタイヤ中心面とは平行である．したがって，後輪位置の車体の進行方向と x 軸とが成す角 β_r と α_{tr} は等しい．よって，$-K_{tr}\alpha_{tr} = -K_{tr}\beta_r$ となり，β_r すなわち座標系 o-x-y-z の運動だけでコーナリングフォースを表せる．これが，図 (a) の特徴である．一方，図 (b) のコーナリングフォースも $-K_{tr}\alpha_{tr}$ だが，図 (b) には δ_r があるため，車輪を基準にすると x 軸は δ_r の分だけ図 (a) よりも旋回外側を向く．そのため，$-K_{tr}\alpha_{tr} \neq -K_{tr}\beta_r$ となり，座標系の運動だけではコーナリングフォースを表せない．したがって，図 (b) におけるコーナリングフォースの計算は，図 (a) に比べて煩雑である．

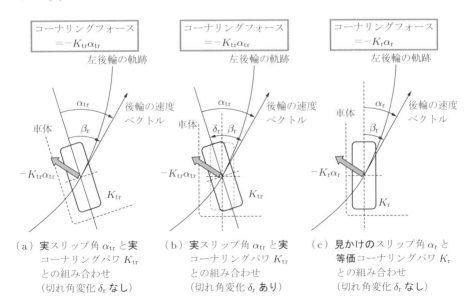

図 1.21 後輪等価コーナリングパワ

そこで，δ_r を無視して，図 (c) のようにタイヤは常に車両中心線に平行であるとみなすのである．このタイヤのスリップ角 α_r を後輪の**見かけのスリップ角**，図 (c) のタイヤのコーナリングパワを**後輪等価コーナリングパワ**とよぶ．

等価コーナリングパワを K_r と記すと，図 (b) と (c) のコーナリングフォースは等しいから，つぎの関係が成り立つ．

$$-K_{\mathrm{tr}}\alpha_{\mathrm{tr}} = -K_r\alpha_r \tag{1.31}$$

ここで，図 (b) 中の矢印の向きに注意すると，

$$\alpha_r = \alpha_{\mathrm{tr}} + \delta_r \tag{1.32}$$

だから，

$$K_r = \frac{\alpha_{\mathrm{tr}}}{\alpha_r}K_{\mathrm{tr}} = \frac{\alpha_{\mathrm{tr}}}{\alpha_{\mathrm{tr}} + \delta_r}K_{\mathrm{tr}} = \frac{1}{1 + \dfrac{\delta_r}{\alpha_{\mathrm{tr}}}}K_{\mathrm{tr}} \tag{1.33}$$

である．ここで，α_{tr} を求めよう．横加速度 $1g$ [m/s^2] 旋回中の後2輪のコーナリングフォースの和は，図 1.9 から $m_r g$ だから[†]，式 (1.15)，(1.21) から

$$m_r g = -2K_{\mathrm{tr}}\alpha_{\mathrm{tr}} = -C_{\mathrm{tr}}m_r\alpha_{\mathrm{tr}} \tag{1.34}$$

となる．ここで，C_{tr} は後輪のタイヤ単体のコーナリング係数である．この式から

$$\alpha_{\mathrm{tr}} = -\frac{g}{C_{\mathrm{tr}}} \tag{1.35}$$

である．一方，

$$\delta_r = \left(N_r\phi_1 + G_{\mathrm{com\,r}}\frac{m_r}{2}\right)g \tag{1.30：再}$$

だから，この式を式 (1.33) に代入することで後輪の等価コーナリングパワ K_r は

$$K_r = \frac{1}{1 - C_{\mathrm{tr}}\left(N_r\phi_1 + G_{\mathrm{com\,r}}\dfrac{m_r}{2}\right)}K_{\mathrm{tr}} \tag{1.36}$$

となる．K_r をコーナリング係数に換算したものを**後輪等価コーナリング係数**とよび，C_r と記す．C_r は，$2K_r$ を m_r で割ることで求められ，

$$\begin{aligned}C_r &\equiv \frac{1}{1 - C_{\mathrm{tr}}\left(N_r\phi_1 + G_{\mathrm{com\,r}}\dfrac{m_r}{2}\right)} \cdot \frac{2K_{\mathrm{tr}}}{m_r} \\ &= \frac{1}{1 - C_{\mathrm{tr}}\left(N_r\phi_1 + G_{\mathrm{com\,r}}\dfrac{m_r}{2}\right)}C_{\mathrm{tr}}\end{aligned} \tag{1.37}$$

[†] このとき，前2輪のコーナリングフォースの和は $m_f g$ である．$mg = m_f g + m_r g$ だから，両者の和は向心力に一致する．また，$0 = l_f m_f g - l_r m_r g$ だから，z 軸まわりのモーメントもつり合う．

となる．したがって，N_r や $G_\mathrm{com\,r}$ が正ならば，$C_\mathrm{tr} < C_\mathrm{r}$ となる．C_r の単位は C_tr と同様に $(\mathrm{m/s^2})/\mathrm{rad}$ または $\mathrm{m/s^2}$ であり，C_r の目安は $C_\mathrm{r} = 200\ (\mathrm{m/s^2})/\mathrm{rad}$ 程度である．C_r の概念図を図 1.22 に示す．なお，C_r は乗員や荷物を最大限に積載した状態で定義される．

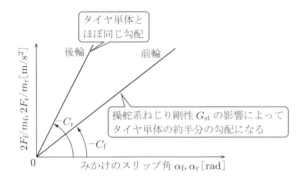

図 1.22　等価コーナリング係数（$C_\mathrm{f} \approx 100\ (\mathrm{m/s^2})/\mathrm{rad}$，$C_\mathrm{r} \approx 200\ (\mathrm{m/s^2})/\mathrm{rad}$）

C_r を用いると，左右 2 輪分の後輪コーナリングフォース $2F_\mathrm{r}$ は

$$2F_\mathrm{r} = -C_\mathrm{r} m_\mathrm{r} \alpha_\mathrm{r} \tag{1.38}$$

と表せる．この式を使うことによって，間接的に δ_r を運動方程式に盛り込む．

■ 1.5.3　切れ角変化を加味した前輪のコーナリング係数

δ_f を前輪のコーナリング係数へ加味しよう．

図 1.23 は，横加速度 $1g\ [\mathrm{m/s^2}]$ での旋回中の前 1 輪と操舵系のようすを，前輪の軌跡を基準に示したものである．

図 (a) と (b) は，タイヤについては共通である．すなわち，共通のタイヤ単体のコーナリングパワ K_tf と共通のタイヤのスリップ角 α_tf とによって，前 1 輪にコーナリングフォース $-K_\mathrm{tf}\alpha_\mathrm{tf}$ が発生している．

両者の相違点は，δ_f の有無である．図 (a) では，$\delta_\mathrm{f} = 0$ だからハンドルの向き（舵角 δ）とタイヤ中心面とは平行であり，タイヤ単体のスリップ角 α_tf は $\alpha_\mathrm{tf} = \beta_\mathrm{f} - \delta$ と表される（β_f は前輪位置の車体の横滑り角である）．この関係を使うと，コーナリングフォースは

$$-2K_\mathrm{tf}\alpha_\mathrm{tf} = -2K_\mathrm{tf}(\beta_\mathrm{f} - \delta) \tag{1.39}$$

となり，座標系の運動 β_f と δ だけでコーナリングフォースを表せる．しかし，図 (b) では，切れ角変化の合計 δ_f が生じているので，座標系の運動と δ だけではコーナリングフォースを表すことができない．そこで，図 (b) を図 (c) のように，タイヤの向き

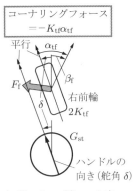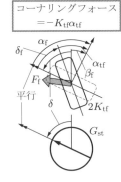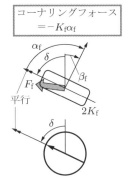

(a) 実スリップ角 α_{tf} と実コーナリングパワ K_{tf} との組合せ（切れ角変化 δ_f なし）

(b) 実スリップ角 α_{tf} と実コーナリングパワ K_{tf} との組合せ（切れ角変化 δ_f あり）

(c) 見かけのスリップ角 α_f と等価コーナリングパワ K_f との組合せ（切れ角変化 δ_f なし）

図 1.23 前輪等価コーナリングパワの概念図：(a) は切れ角変化がない．(b) は切れ角変化があるので，その分，(a) よりも舵角が大きい．(b) の切れ角変化とスリップ角を，(c) では「等価コーナリングパワ」として表す．

が常にハンドルと同じであると仮定し，図 (c) におけるタイヤのスリップ角 α_f を前輪の**見かけのスリップ角**，図 (c) のタイヤのコーナリングパワ K_f を**前輪等価コーナリングパワ**とよぶ．

K_f を求めよう．図 (b) と (c) のコーナリングフォースは等しいから，

$$-2K_{tf}\alpha_{tf} = -2K_f\alpha_f \tag{1.40}$$

の関係が成り立つ．したがって，K_f は

$$K_f = \frac{\alpha_{tf}}{\alpha_f}K_{tf} = \frac{\alpha_{tf}}{\alpha_{tf}+\delta_f}K_{tf}$$
$$= \frac{1}{1+\dfrac{\delta_f}{\alpha_{tf}}}K_{tf} \tag{1.41}$$

と変形できる[9]．ここで，横加速度 $1g\,[\mathrm{m/s^2}]$ で旋回中の前 2 輪のコーナリングフォースの和は，図 1.9 から $m_f g$ だから，式 (1.15)，(1.20) から，

$$m_f g = -2K_{tf}\alpha_{tf} = -C_{tf}m_f\alpha_{tf} \tag{1.42}$$

となる（C_{tf} は，前輪のタイヤ単体のコーナリング係数であり，m_f は，前輪が負担する車両質量である）．よって，α_{tf} は

$$\alpha_{tf} = -\frac{g}{C_{tf}} \tag{1.43}$$

である．一方，δ_f は，式 (1.29) に示したとおり，

$$\delta_\mathrm{f} = \left(-\frac{\xi m_\mathrm{f}}{G_\mathrm{st}} + N_\mathrm{f}\phi_1\right)g \qquad (1.29：再)$$

だから，この式を式 (1.41) に代入することで，前輪の等価コーナリングパワ K_f は

$$K_\mathrm{f} = \frac{1}{1 - C_\mathrm{tf}\left(-\dfrac{\xi m_\mathrm{f}}{G_\mathrm{st}} + N_\mathrm{f}\phi_1\right)} K_\mathrm{tf} \qquad (1.44)$$

と表すことができる．

さらに，$2K_\mathrm{f}$ をコーナリング係数に換算したものを**等価コーナリング係数**とよび，C_f と記す．C_f は，$2K_\mathrm{f}$ を m_f で割ることで求められ，

$$\begin{aligned}
C_\mathrm{f} &\equiv \frac{2K_\mathrm{f}}{m_\mathrm{f}} \\
&= \frac{1}{1 - C_\mathrm{tf}\left(-\dfrac{\xi m_\mathrm{f}}{G_\mathrm{st}} + N_\mathrm{f}\phi_1\right)} \cdot \frac{2K_\mathrm{tf}}{m_\mathrm{f}} \\
&= \frac{1}{1 - C_\mathrm{tf}\left(-\dfrac{\xi m_\mathrm{f}}{G_\mathrm{st}} + N_\mathrm{f}\phi_1\right)} C_\mathrm{tf}
\end{aligned} \qquad (1.45)$$

となる．

C_f の単位も C_tf と同様に $(\mathrm{m/s^2})/\mathrm{rad}$ または $\mathrm{m/s^2}$ である．C_f の目安は $C_\mathrm{f} = 100$ $(\mathrm{m/s^2})/\mathrm{rad}$ 程度である．C_f が C_tf の約半分になる理由は，操舵系のねじり剛性 G_st による切れ角変化のためである．C_f の概念図も図 1.22 に示してある．なお，C_f は，乗員や荷物を最大限に積載した状態で定義する．

C_f を用いると，左右 2 輪分の前輪コーナリングフォース $2F_\mathrm{f}$ は

$$2F_\mathrm{f} = -C_\mathrm{f} m_\mathrm{f} \alpha_\mathrm{f} \qquad (1.46)$$

と表せる．この式を使うことによって，δ_f を運動方程式に盛り込む．

1.6 運動方程式の導出

これまで述べた平面 2 自由度モデルと等価コーナリング係数を用いて，運動方程式を立てよう．そこで，まず，加速度を求め，つぎに，見かけのスリップ角を求めることによって，運動方程式を導く．

■ 1.6.1　加速度

運動方程式は「質量×**加速度**=力」だから，加速度や力を式で表す必要がある．そこで，この項では，加速度を求めよう．

図1.5のモデルのy軸方向の加速度を，**横加速度**とよび，a_yと記す．a_yの単位はm/s^{2}である．a_yには円運動の成分と並進運動の成分の二つがある．

まず，a_yの円運動成分について述べる．点Oを中心に半径Rの円周上を速さ一定で路面からみた速度$\vec{V}$で旋回している車両を図1.24に示す．路面からみると$\vec{V}$の方向が変化するため，車両には加速度が生じている．一方，車両からみると$\vec{V}$は一定だから，$\vec{V}$方向には加速していない．したがって，加速度の向きは$\vec{V}$と直角の方向である．ここで，$\vec{V}$の向きは円の接線方向だから，これと直角な向きは半径方向である．したがって，加速度の「向」きは円の中「心」を向く．そのため，円運動している物体の加速度は**向心加速度**とよばれ，その大きさは

$$\frac{V^2}{R}$$

で表される．ここで，Rは半径である．向心加速度の導出は，章末のコラムを参照されたい．

つぎに，V^2/Rをヨー角速度rを用いて表そう．円運動では，図1.24に示すように，位置ベクトル$\vec{R}$と速度ベクトル$\vec{V}$は常に垂直だから，$\vec{R}$が1回転すると，車両のx軸も1回転する．ここで，「角速度=速度/半径」であるから，$\vec{R}$の回転角速度もV/Rである．よって，x軸も角速度V/Rで向きを変え，z軸まわりの角速度rも

$$r = \frac{V}{R} \tag{1.47}$$

である．したがって，向心加速度V^2/Rは

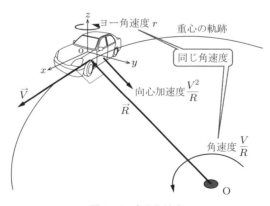

図1.24　向心加速度

$$\frac{V^2}{R} = Vr \tag{1.48}$$

と表せる．これが a_y の円運動の成分なのである†．

つぎに，a_y の並進運動成分を求めよう．図 1.25 に $r = 0$，つまり，x 軸の方位が一定のまま，y 軸方向に等加速度運動する車両を示す．$v = V\sin\beta$ だから，y 軸方向の加速度 $\dot{v}$ は，

$$\dot{v} = V(\sin\dot\beta) = V\dot\beta\cos\beta \tag{1.49}$$

である（β は重心位置の横滑り角である）．操縦安定性で想定する走行条件では，β は十分小さいので，$\cos\beta \approx 1$ とみなせるから，式 (1.49) は

$$\dot{v} \approx V\dot\beta \tag{1.50}$$

と近似できる．これが a_y の並進運動成分なのである．

以上の結果，車両の横加速度 a_y は，式 (1.48)，(1.50) から，

$$a_y = Vr + \dot{v} \approx V(r + \dot\beta) \tag{1.51}$$

となる．

この r と $\dot\beta$ との組合せによって，あらゆる平面 2 自由度運動が表現できる．その一例として，図 1.26 に，一直線上をスピンする車両の例を示す．この場合 $r = -\dot\beta$ だから，$a_y = V(r + \dot\beta) = 0$ となり，点 o は直線運動する．

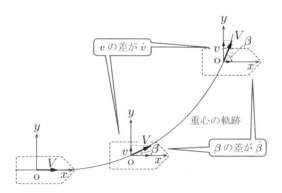

図 1.25 並進加速度

---

† 厳密には Vr は y 軸に対して β だけずれた方向にはたらくが，$\cos\beta \approx 1$ とみなせるので，$\cos\beta$ を省略できる．

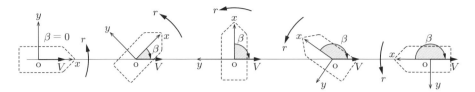

図 1.26　直線上のスピン $(r = -\dot{\beta})$

■ **1.6.2　見かけのスリップ角**

運動方程式は「質量×加速度＝力」だから，この項では，力を式で表そう．旋回のための力である前後輪のコーナリングフォースは，式 (1.46) と式 (1.38) に示されるように，見かけのスリップ角に比例した．そこで，見かけのスリップ角を求めよう．

まず，前輪位置の車体横滑り角 β_f と後輪位置の β_r を求める．$\beta=0$ で旋回中の車両を図 1.27 に実線で示す．

この図において，$\beta_f = \tan(l_f/R)$ である．ここで，R は旋回半径であり，l_f は前輪～重心間距離である．操縦安定性で想定する R はどんなに小さくても 15 m 以上あるのに対して，l_f は大きくても 1.5 m 程度である．この程度の $|l_f/R|$ であれば，$\tan(l_f/R) \approx l_f/R$ と表せる．したがって，$\beta = 0$ のとき $\beta_f \approx l_f/R$ である．

このように，β_f は β よりも l_f/R だけ大きい．このことは，図 1.27 に破線で示されている $\beta \neq 0$ の車両でも成り立つ[†]から，一般に β_f は

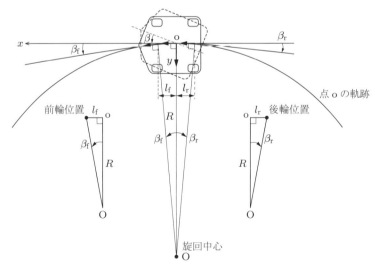

図 1.27　横滑り角

---

† ただし $\cos\beta \approx 1$ と仮定する．

$$\beta_{\mathrm{f}} = \beta + \frac{l_{\mathrm{f}}}{R} \tag{1.52}$$

と表せる．この式に，式 (1.47) で得られた $r = V/R$ を用いると，β_{f} は

$$\beta_{\mathrm{f}} = \beta + \frac{l_{\mathrm{f}}}{V} r \tag{1.53}$$

となる．一方，β_{r} は，β よりも l_{r}/R だけ小さいから，重心～後輪間距離を l_{r} と記すと，

$$\beta_{\mathrm{r}} = \beta - \frac{l_{\mathrm{r}}}{R} \tag{1.54}$$

である．この式に $r = V/R$ の関係を用いると，β_{r} は

$$\beta_{\mathrm{r}} = \beta - \frac{l_{\mathrm{r}}}{V} r \tag{1.55}$$

となる．

よって，前輪の見かけのスリップ角 α_{f} は，図 1.23(c) の矢印の向きに注意すると，

$$\alpha_{\mathrm{f}} = \beta_{\mathrm{f}} - \delta = \beta + \frac{l_{\mathrm{f}}}{V} r - \delta \tag{1.56}$$

と表せるのである．ここで，δ は舵角である．同様に，後輪の見かけのスリップ角 α_{r} は，図 1.21(c) から，

$$\alpha_{\mathrm{r}} = \beta_{\mathrm{r}} = \beta - \frac{l_{\mathrm{r}}}{V} r \tag{1.57}$$

となるのである．

■ 1.6.3 車両質量を含まない運動方程式

以上の結果を使って運動方程式を立てよう．

並進運動についての運動方程式は「質量×加速度＝力」である．よって，y 軸方向の並進運動の運動方程式は

$$m a_y = 2 F_{\mathrm{f}} + 2 F_{\mathrm{r}} \tag{1.58}$$

となる．ここで，$2 F_{\mathrm{f}}$ は前輪コーナリングフォースであり，$2 F_{\mathrm{r}}$ は後輪コーナリングフォースである．一方，a_y は式 (1.51) で表されるから，式 (1.58) は

$$m V (r + \dot{\beta}) \approx 2 F_{\mathrm{f}} + 2 F_{\mathrm{r}} \tag{1.59}$$

となる．

つぎに，回転運動の運動方程式は「慣性モーメント×角加速度＝力のモーメント」だから，z 軸まわりの運動方程式は

$$I_z \dot{r} = 2 l_{\mathrm{f}} F_{\mathrm{f}} - 2 l_{\mathrm{r}} F_{\mathrm{r}} \tag{1.60}$$

となる．ここで，I_z はヨー慣性モーメントである．

式 (1.59) と式 (1.60) 右辺の $2F_\mathrm{f}$ は

$$2F_\mathrm{f} = -C_\mathrm{f} m_\mathrm{f} \alpha_\mathrm{f} \tag{1.46：再}$$

であった（C_f は前輪の等価コーナリング係数であり，m_f は前輪が負担する車両質量である）．ここで，前輪の見かけのスリップ角 α_f は式 (1.56) で表されたから，

$$2F_\mathrm{f} = -C_\mathrm{f} m_\mathrm{f} \left(\beta + \frac{l_\mathrm{f}}{V} r - \delta \right) \tag{1.61}$$

である．また，$2F_\mathrm{r}$ は

$$2F_\mathrm{r} = -C_\mathrm{r} m_\mathrm{r} \alpha_\mathrm{r} \tag{1.38：再}$$

であった（C_r は後輪の等価コーナリング係数であり，m_r は後輪が負担する車両質量である）．ここで，後輪の見かけのスリップ角 α_r は式 (1.57) で表されたから，

$$2F_\mathrm{r} = -C_\mathrm{r} m_\mathrm{r} \left(\beta - \frac{l_\mathrm{r}}{V} r \right) \tag{1.62}$$

である．ここで，ホイールベースを l，ヨー慣性半径係数を k_N と記し，式 (1.61), (1.62), (1.12) を用いると，式 (1.58) と式 (1.60) はそれぞれ，

$$V(r + \dot\beta) = -\left(\frac{l_\mathrm{r}}{l} C_\mathrm{f} + \frac{l_\mathrm{f}}{l} C_\mathrm{r} \right) \beta - \frac{l_\mathrm{f} l_\mathrm{r}}{lV}(C_\mathrm{f} - C_\mathrm{r}) r + \frac{l_\mathrm{r}}{l} C_\mathrm{f} \delta \tag{1.63}$$

$$k_\mathrm{N}{}^2 \dot r = -\frac{1}{l}(C_\mathrm{f} - C_\mathrm{r})\beta - \left(\frac{l_\mathrm{f}}{lV} C_\mathrm{f} + \frac{l_\mathrm{r}}{lV} C_\mathrm{r} \right) r + \frac{1}{l} C_\mathrm{f} \delta \tag{1.64}$$

と整理でき，車両質量 m や m_f，m_r が消える．さらに，k_N が 1 のときは k_N も消える．そこで本書では，これらの式を運動方程式として用いる．なお，C_f や C_r，k_N を使わない場合の並進と回転の運動方程式は，それぞれつぎのようになる．

$$mV(r + \dot\beta) = -2(K_\mathrm{f} + K_\mathrm{r})\beta - \frac{2}{V}(l_\mathrm{f} K_\mathrm{f} - l_\mathrm{r} K_\mathrm{r}) r + 2K_\mathrm{f} \delta \tag{1.65}$$

$$I_z \dot r = -2(l_\mathrm{f} K_\mathrm{f} - l_\mathrm{r} K_\mathrm{r})\beta - \frac{2}{V}(l_\mathrm{f}{}^2 K_\mathrm{f} + l_\mathrm{r}{}^2 K_\mathrm{r}) r + 2l_\mathrm{f} K_\mathrm{f} \delta \tag{1.66}$$

ここで，$2K_\mathrm{f}$ や $2K_\mathrm{r}$ は，それぞれ前輪と後輪の等価コーナリングパワである．

Column

月の円軌道から向心加速度を導く

向心加速度が，速度 V，旋回半径 R に対して V^2/R であることを，ニュートンが使ったとされる方法[14]で求めてみよう．ニュートンが「りんごが木から落ちるのをみて万有引力の法則を発見した」という逸話は誤りであり，本当は「りんごは地球に落ちるのに，なぜ月は地球に落ちないのだろうか」と疑問をもったそうである．この自問に対してニュートンは「月は，常に地球に向かって落ち続けている」と考えて，月の落下距離に注目して向心加速度を求めたとされる．図 1.28(a) に月の円軌道を示す．

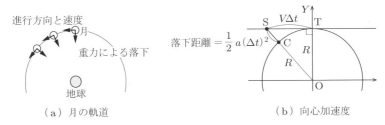

(a) 月の軌道   (b) 向心加速度

図 1.28 向心加速度の計算方法

図 (b) の円軌道に点 T で接する直線は，もし仮に月が等速直線運動した場合の軌跡である．月が点 T の位置から速度 V で時間 Δt の間直進した位置を点 S とする．したがって，線分 TS の長さは

$$\mathrm{TS} = V\Delta t \tag{1.67}$$

である．しかし，図 (a) のように，実際には月は円軌道を通るため，点 O（地球）に向かって落下する．この加速度を a とすると，落下距離 SC は，a を t について 2 階積分した $a/2(\Delta t)^2$ に等しいから，

$$\mathrm{SC} = \frac{a}{2}(\Delta t)^2 \tag{1.68}$$

である．したがって，線分 OS の長さは，$R+\mathrm{SC}$ だから

$$\mathrm{OS} = R + \mathrm{SC} = R + \frac{a}{2}(\Delta t)^2 \tag{1.69}$$

である．また，

$$\mathrm{OT} = R \tag{1.70}$$

だから，直角三角形である △OTS の 3 辺について三平方の定理をあてはめると，

$$\mathrm{OT}^2 + \mathrm{TS}^2 = \mathrm{OS}^2 \tag{1.71}$$

となるため，

$$R^2 + (V\Delta t)^2 = \left(R + \frac{1}{2}a(\Delta t)^2\right)^2 = R^2 + aR(\Delta t)^2 + \frac{1}{4}a^2(\Delta t)^4 \tag{1.72}$$

となる．V の向きは時々刻々変化するため，上式が成り立つのは $\Delta t = 0$ の近傍だけである．したがって，Δt は微小のため $(\Delta t)^2 \gg (\Delta t)^4$ だから，$(\Delta t)^4 = 0$ とすると，上式は

$$(V\Delta t)^2 = aR(\Delta t)^2 \tag{1.73}$$

と整理できる．この式を a について解くと，月の向心加速度として，

$$a = \frac{V^2}{R} \tag{1.74}$$

が得られる．

同様に，車両の向心加速度も V^2/R と求められる．

第2章
半径一定で旋回するときの性能

ドライバは，角度とトルクの両方を使って操舵する．単純化のため，角度だけで操舵する**ポジションコントロール**と，トルクだけで操舵する**フォースコントロール**に分けて考える（表 2.1）．操縦安定性は，これまでおもにポジションコントロールを前提に理論化されてきた．そこで，第2章と第3章では，ポジションコントロールで，高速道路や国道などを車線に沿ってほぼ一定の速度で走行することを想定した操縦性について述べる．

表 2.1 操舵の単純化

操舵方式	操舵の方法
ポジションコントロール	ハンドルを角度だけで操舵する
フォースコントロール	ハンドルをトルクだけで操舵する

2.1 定常円旋回

この節では，車速 V 一定かつ半径 R 一定の旋回である**定常円旋回**の性質について述べる．この性能には，つぎの2種類がある．一つ目は，ある R で旋回するための舵角 δ の大小であり，この性能は操縦性の最も基礎的な性能の一つである．二つ目は，車体の横滑りの大小であり，この性能は操縦性の気持ちよさに関係する．この章では，これら二つの性能を因果関係に基づいて述べる．まず，δ や横滑り角が決定されるしくみを示し，そのしくみに基づいて横滑り，舵角の順に述べる．

なお，定常円旋回では，δ やヨー角速度 r，重心位置車体横滑り角 β などは変化しない．そのため，定常旋回ではそれぞれ

$$\dot{\delta} = 0 \tag{2.1}$$

$$\dot{r} = 0 \tag{2.2}$$

$$\dot{\beta} = 0 \tag{2.3}$$

であり，横加速度 a_y は，式 (1.51) から

36　第2章　半径一定で旋回するときの性能

$$a_y = Vr \tag{2.4}$$
$$= \frac{V^2}{R} \tag{2.5}$$

と表される．

2.2 物理変数が決まるしくみ

　この節では，ある半径 R で旋回するための舵角 δ の大きさを求めることを通して，各物理変数が決まるしくみを考えよう．そのために，この節では**極低速旋回**を仮定する．極低速旋回とは，前後輪のコーナリングフォース $2F_\mathrm{f}$ と $2F_\mathrm{r}$ や横加速度 a_y が 0 であることを想定した定常円旋回であり，旋回を幾何学的に考察できる．

■ 2.2.1 舵角

　式 (2.5) から $a_y = V^2/R$ だから，$a_y \approx 0$ ならば車速 V も $V \approx 0$ である．このとき，コーナリングフォースも 0 だから，前後輪の見かけのスリップ角 α_f も α_r も 0 である．したがって，極低速旋回では，タイヤの向きとタイヤの進行方向とが一致する．極低速旋回の旋回状態を図 2.1 に示す．

　極低速旋回では $\alpha_\mathrm{r} \approx 0$ なので，後輪位置の車体横滑り角を β_r と記すと，式 (1.57) から $\beta_\mathrm{r} = \alpha_\mathrm{r} \approx 0$ である．したがって，後輪のタイヤの進行方向は x 軸上にある．図

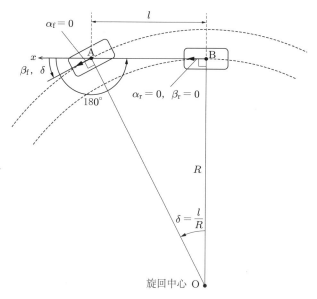

図 2.1　コーナリングフォースがはたらかないときの旋回半径と舵角との関係

2.1 において，前輪の位置を点 A，後輪の位置を点 B，旋回中心を点 O と記すと，点 O は，x 軸と垂直かつ点 B を通る直線上にあるため，△ABO は直角三角形である．

このことから，極低速旋回では

$$\delta = \angle \text{AOB} \tag{2.6}$$

が成り立つ．この理由を述べる．三角形の内角の和は 180° だから，直角三角形 △ABO の内角の和について，

$$\angle \text{AOB} + 90° + \angle \text{OAB} = 180° \tag{2.7}$$

の関係がある．つぎに，x 軸を点 A まわりの三つの角に分けると，

$$\delta + 90° + \angle \text{OAB} = 180° \tag{2.8}$$

となる．式 (2.7) と式 (2.8) を比較すると，∠OAB+90° は両式に共通するから，残りの角どうしが等しい．したがって，式 (2.6) の関係が成り立つわけである．

つぎに，∠AOB を，ホイールベース l や R を使って表そう．操縦安定性では高速道などの R が大きい道路での走行を仮定する．このため，R は l よりもはるかに大きいと考えてよい．よって，∠AOB は 0 に近い．したがって，∠AOB を rad で表すと，

$$\angle \text{AOB} \approx \tan \angle \text{AOB} = l/R \tag{2.9}$$

となる．この式と式 (2.6) とから，δ は

$$\delta \approx \frac{l}{R} \tag{2.10}$$

と表されるのである．この式が δ と R との関係を表す式であり，式 (2.10) によって表される δ を**アッカーマン角**とよぶ．

■ 2.2.2　運動を表す変数が決定される順序

前項の δ が決定される順序を整理すると，つぎのようになる．

第 0 段階： 前提条件として，R を指定し，さらに，$a_y \approx 0$ と決める．

第 1 段階： 前段階で $a_y \approx 0$ と決定されたことによって，向心力であるコーナリングフォースもほぼ 0 であり，そのため $\alpha_f \approx 0$，$\alpha_r \approx 0$ と決まる．

第 2 段階： 前段階で $\alpha_r \approx 0$ と決まり，また，式 (1.57) から $\alpha_r = \beta_r$ だから，$\beta_r \approx 0$ と決まる．したがって，後輪の進行方向である円の接線は車両中心線と一致するため，後輪軸上のどこかに旋回中心 O があることも決まる．

第 3 段階： 前段階で後輪軸上に旋回中心があることが決まり，さらに，第 0 段階で R が規定されているから，後輪から R 離れた後輪軸上の位置に O があ

ることが決まる．

第 4 段階：O を中心に点 A も旋回するから，線分 $\overline{\mathrm{AO}}$ と垂直な方向に点 A は進む．その方向と x 軸とが成す角として前輪位置車体横滑り角 β_f が決まる．

第 5 段階：式 (1.56) で示した $\alpha_\mathrm{f} = \beta_\mathrm{f} - \delta$ と，第 1 段階で決まった $\alpha_\mathrm{f} = 0$ とから，$\delta = \beta_\mathrm{f}$ となる．

以上が，各物理変数が決定されるしくみなのである．このしくみに基づいて，次節では一般的な a_y の場合の定常円旋回について述べる．

なお，ここまで一切話題に出なかった重心位置の車体横滑り角は，物理変数が決定される順序と関係ないため，極低速旋回では特別な意味はない．

2.3 車体の横滑りの性質

この節では，一般的な車速 V についての定常円旋回のしくみのうち，第 0～4 段階について述べる．

■ 2.3.1 見かけのスリップ角

第 0 段階では，前提条件として旋回半径 R と横加速度 a_y の二つをあらかじめ決める．R と a_y を指定すると，V^2 は式 (2.5) から，

$$V^2 = a_y R \tag{2.11}$$

として表される．

第 1 段階では，この a_y から前輪と後輪の見かけのスリップ角 α_f と α_r が決まる．まず，前輪について述べる．コーナリングフォース $2F_\mathrm{f}$ は，向心力だから，「質量×向心加速度＝力」として決まる．前輪の負担する車両質量は m_f だから，$2F_\mathrm{f}$ は

$$2F_\mathrm{f} = m_\mathrm{f} a_y \tag{2.12}$$

である．一方，$2F_\mathrm{f}$ は，見かけのスリップ角 α_f に比例するので，

$$2F_\mathrm{f} = -C_\mathrm{f} m_\mathrm{f} \alpha_\mathrm{f} \tag{1.46：再}$$

でもある．ここで，C_f は前輪の等価コーナリング係数である．これらの二つの式から，

$$m_\mathrm{f} a_y = -C_\mathrm{f} m_\mathrm{f} \alpha_\mathrm{f} \tag{2.13}$$

となる．この式を α_f について解くことによって，

$$\alpha_\mathrm{f} = -\frac{a_y}{C_\mathrm{f}} \tag{2.14}$$

の関係が得られる．後輪についても，これと同様に

$$\alpha_\mathrm{r} = -\frac{a_y}{C_\mathrm{r}} \tag{2.15}$$

と求められる．ここで，C_r は後輪の等価コーナリング係数である．このように，前後輪の見かけのスリップ角が 0 でないことが，定常円旋回と極低速旋回との違いである．

2.3.2 後輪位置の車体横滑り角

第 2 段階では，後輪位置の車体横滑り角 β_r が決まる．すなわち，式 (1.57) に示した $\alpha_\mathrm{r} = \beta_\mathrm{r}$ を式 (2.15) に代入すると，β_r は

$$\beta_\mathrm{r} = -\frac{a_y}{C_\mathrm{r}} \tag{2.16}$$

と決まる．さらに，図 2.2 に示すように，β_r の方向の速度を V_r と記すと，V_r と垂直な線上に旋回中心 O があることもこの段階で決まる．

第 3 段階では，V_r に垂直な線上で後輪から R 離れた位置の点として，O の位置が決まる．

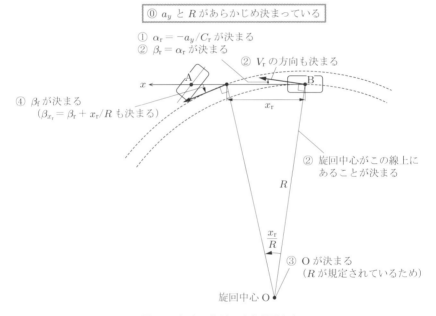

図 2.2 任意の位置の車体横滑り角

2.3.3 任意の位置の車体横滑り角

第 4 段階では，前輪位置の車体横滑り角 β_f が決まる．車両は O を中心に旋回するから，点 A も O を中心に旋回する．その半径 $\overline{\mathrm{AO}}$ と垂直な方向に点 A は進む．さらに，点 A が進む方向と x 軸とが成す角として，β_f が決まる．

β_f を具体的に求めよう．重心～後輪間距離を l_r とすると，重心位置車体横滑り角 β と β_r には，

$$\beta_\mathrm{r} = \beta - \frac{l_\mathrm{r}}{R} \tag{1.54：再}$$

の関係があったから，β は

$$\beta = \beta_\mathrm{r} + \frac{l_\mathrm{r}}{R} \tag{2.17}$$

である．また，前輪～重心間距離を l_f とすると，

$$\beta_\mathrm{f} = \beta + \frac{l_\mathrm{f}}{R} \tag{1.52：再}$$

だったから，この式の β に式 (2.17) を代入すると，

$$\beta_\mathrm{f} = \beta_\mathrm{r} + \frac{l}{R} \tag{2.18}$$

となる．

この式をもとにして，β_f と a_y との関係を求めよう．まず，式 (2.5) と式 (2.16) を式 (2.18) に代入し，整理すると，

$$\frac{\beta_\mathrm{f}}{a_y} = -\frac{1}{C_\mathrm{r}} + \frac{l}{V^2} \tag{2.19}$$

となる．このように，a_y に対する β_f の比が第 4 段階で決まる．

さらに，第 4 段階では β も決まる．式 (2.17) に式 (2.16) や $1/R = a_y/V^2$ を代入して，その両辺を a_y で割ることによって，β について，

$$\frac{\beta}{a_y} = -\frac{1}{C_\mathrm{r}} + \frac{l_\mathrm{r}}{V^2} \tag{2.20}$$

の関係が得られる．また，第 2 段階で決まった β_r についても，式 (2.20) と同じ形式に式 (2.16) を整理すると，

$$\frac{\beta_\mathrm{r}}{a_y} = -\frac{1}{C_\mathrm{r}} \tag{2.21}$$

となる．

最後に，前輪や後輪以外の任意の位置の車体横滑り角を考えよう．図 2.2 に示したように，後輪から x_r 前方の位置の横滑り角を β_{x_r} とすると，

$$\beta_{x_\mathrm{r}} = \beta_\mathrm{r} + \frac{x_\mathrm{r}}{R} \tag{2.22}$$

だから，この式に式 (2.11) や式 (2.16) を代入して，両辺を a_y で割ると，

$$\frac{\beta_{x_\mathrm{r}}}{a_y} = -\frac{1}{C_\mathrm{r}} + \frac{x_\mathrm{r}}{V^2} \tag{2.23}$$

となる．

以上が，車体横滑り角が決まるしくみなのである．

2.3.4 横滑り角の変化

式 (2.19)〜(2.21) の計算例を図 2.3 と図 2.4 に示す．図 2.3 に示すように，R 一定で V を変化させた場合，β_f と β と β_r とはそれぞれ互いに平行な直線である．また，図 2.4 に示すように，a_y 一定で V を増やした場合，β_r は一定であり，β_r に β_f や β が漸近する．

また，図 2.3 に示すように，β_f や β の符号は V によって正負が逆転する．そこで，符号が逆転する速度が β_f や β の基本的性質を表す指標であると考えて，符号が逆転する V^2 をみてみよう．β_f, β, β_{x_r} が 0 になる速度をそれぞれ $V_{\beta_\mathrm{f}=0}$, $V_{\beta=0}$, $V_{\beta_{x_\mathrm{r}}=0}$ と記すと，

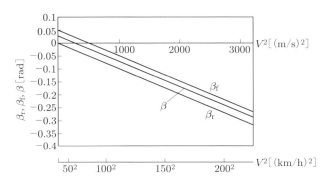

図 2.3　R 一定のときの車体各部の横滑り角の車速依存性（$R=50$ m, $l=2.5$ m, $l_\mathrm{r}=1.5$ m, $C_\mathrm{r}=200$ (m/s^2)/rad）

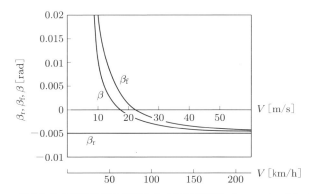

図 2.4　a_y 一定のときの車体各部の横滑り角の車速依存性（$a_y=1$ m/s^2, $l=2.5$ m, $l_\mathrm{r}=1.5$ m, $C_\mathrm{r}=200$ (m/s^2)/rad）

$$V_{\beta_\mathrm{f}=0} = \sqrt{lC_\mathrm{r}} \tag{2.24}$$

$$V_{\beta=0} = \sqrt{l_\mathrm{r}C_\mathrm{r}} \tag{2.25}$$

$$V_{\beta_{x_\mathrm{r}}=0} = \sqrt{x_\mathrm{r}C_\mathrm{r}} \tag{2.26}$$

となる．$V_{\beta_\mathrm{f}=0}$ の大雑把な目安は 22 m/s（80 km/h），であり，$V_{\beta=0}$ は 17 m/s（60 km/h）である．

最後に，横滑りとドライバの感覚との関係について述べる．β_r や乗員位置での横滑り角が旋回と逆側に 0.4° 以上あると，後輪が横滑りしているような不快な感覚（**尻流れ感**）をドライバが感じると報告されている[16]．この感覚を低減するためには，式 (2.23) から C_r をより大きくすることが有効である．

2.4 舵角と車速との関係

この節では，指定された半径 R で旋回するために必要な舵角 δ が決まるしくみと，この δ が車速 V によって変化するしくみについて述べる．

■ 2.4.1 旋回に必要な舵角

第 4 段階までに，つぎの関係式を得た．

$$\delta = \beta_\mathrm{f} - \alpha_\mathrm{f} \tag{1.56：再}$$

$$\beta_\mathrm{f} = \frac{l}{R} + \beta_\mathrm{r} \tag{2.18：再}$$

$$\beta_\mathrm{r} = \alpha_\mathrm{r} \tag{1.57：再}$$

ここで，β_f は前輪位置の車体横滑り角であり，α_f は前輪の見かけのスリップ角，l はホイールベース，β_r は後輪位置の車体横滑り角，α_r は後輪の見かけのスリップ角である．式 (1.57) を式 (2.18) に代入すると，

$$\beta_\mathrm{f} = \frac{l}{R} + \alpha_\mathrm{r} \tag{2.27}$$

となる．この式を式 (1.56) に代入すると，

$$\delta = \frac{l}{R} + (\alpha_\mathrm{r} - \alpha_\mathrm{f}) \tag{2.28}$$

となる．さらに，この式の α_r と α_f に，式 (2.15)，(2.14) をそれぞれ代入すると，

$$\delta = \frac{l}{R} + \left(\frac{a_y}{C_\mathrm{f}} - \frac{a_y}{C_\mathrm{r}}\right) \tag{2.29}$$

となる．これが一般的な V のときの δ である．δ が決まるしくみを図 2.5 と図 2.6 に示す．

2.4 舵角と車速との関係　43

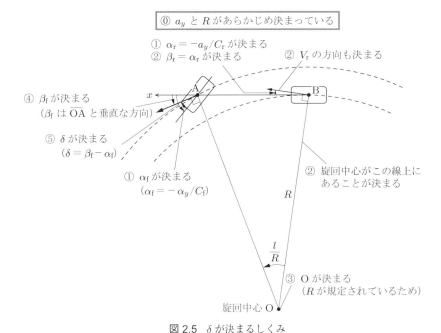

図 2.5　δ が決まるしくみ

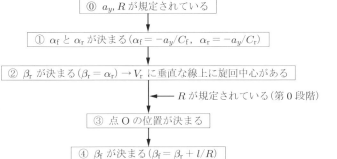

図 2.6　定常円旋回の舵角 δ が決まるしくみ

つぎに，a_y の代わりに V を使って，この式を表そう．この式の a_y に式 (2.5) を代入すると，

$$\delta = \frac{l}{R} + \frac{V^2}{R}\left(\frac{1}{C_\mathrm{f}} - \frac{1}{C_\mathrm{r}}\right) = \frac{l}{R}\left[1 + \frac{1}{l}\left(\frac{1}{C_\mathrm{f}} - \frac{1}{C_\mathrm{r}}\right)V^2\right] \tag{2.30}$$

と変形できる．この式の右辺 [ ] 内の第 1 項である l/R は，式 (2.10) で求めたアッカー

マン角である．そこで，l/R がアッカーマン角であることを強調するために，l/R を

$$\delta_0 = \frac{l}{R} \tag{2.31}$$

と記すと，式 (2.30) は

$$\delta = \delta_0 \left[1 + \frac{1}{l} \left(\frac{1}{C_\mathrm{f}} - \frac{1}{C_\mathrm{r}} \right) V^2 \right] \tag{2.32}$$

と書ける．これが指定された R で旋回するために必要な δ である．

■2.4.2　舵角とアッカーマン角との関係

式 (2.32) の δ は V によって変化する．このように，車速の変化に伴う，旋回に必要な δ の変化の仕方を**ステア特性**とよぶ．ここでは，アッカーマン角を基準にステア特性をみてみよう．アッカーマン角 δ_0 を基準にして舵角 δ を表すと，式 (2.32) は

$$\frac{\delta}{\delta_0} = 1 + \frac{1}{l} \left(\frac{1}{C_\mathrm{f}} - \frac{1}{C_\mathrm{r}} \right) V^2 \tag{2.33}$$

となる．したがって，この式の右辺第 2 項の分だけ，δ と δ_0 とに差が生じる．そこで，第 2 項の V^2 の係数を A と記す．つまり，

$$A = \frac{1}{l} \left(\frac{1}{C_\mathrm{f}} - \frac{1}{C_\mathrm{r}} \right) \tag{2.34}$$

である．A の単位は $\mathrm{s^2/m^2}$ であり，一般的な車両の A の分布はおおむね $0.001 \sim 0.004$ $\mathrm{s^2/m^2}$，平均値は $0.002\ \mathrm{s^2/m^2}$ 程度である．$A > 0$ である理由は，操舵系ねじり剛性 G_st による切れ角変化 δ_st のために，$C_\mathrm{f} < C_\mathrm{r}$ となるからである．

A を用いると，式 (2.33) は

$$\frac{\delta}{\delta_0} = 1 + AV^2 \tag{2.35}$$

と書ける．式 (2.35) と V^2 との関係を図 2.7 に示す．

つぎに，V と δ との関係を考えよう．式 (2.35) から $A > 0$ の場合，一定の R を維持するためには，V^2 の増加に応じて δ を増やす必要がある．したがって，δ_0 のままでは舵角（ステア）が不足（アンダー）する．そこで，$A > 0$ の場合を**アンダステア**とよび，**US** と略称されることがある．とくに，δ が δ_0 の 2 倍になるのは $AV^2 = 1$ のときであり，このときの V は，

$$V = \frac{1}{\sqrt{A}} \tag{2.36}$$

だから，$A = 0.002\ \mathrm{s^2/m^2}$ の場合，$V = 1/\sqrt{A} \approx 22.4\ \mathrm{m/s} \approx 80\ \mathrm{km/h}$ である．

また，A が 0 であれば，δ_0 のままで一定の R を維持できる．したがって，舵角（ステア）に過不足がない（ニュートラル）．そこで，$A = 0$ の場合を**ニュートラルステア**とよび，**NS** と略称されることがある．

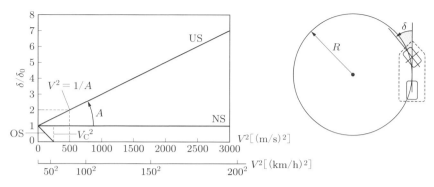

図 2.7　ステア特性（$l = 2.5$ m，US: $A = 0.002$ s^2/m^2，OS: $A = -0.004$ s^2/m^2）

$A < 0$ の場合，δ_0 のままでは舵角（ステア）が過剰（オーバー）である．そこで，$A < 0$ の場合を**オーバステア**とよび，**OS** と略称されることがある．

OS では，$1 + AV^2 = 0$ となる V が存在する．このとき，式 (2.35) から $\delta/\delta_0 = 0$ だから，旋回に必要な δ は 0 である．よって，大きな R で旋回するにも小さな R で旋回するにも，左に旋回するにも右に旋回するにも，必要な δ はすべて 0 である．したがって，この V では，直進するはず（$\delta = 0$）の場合でも旋回してしまうことがある．船舶工学などでは，図 2.8 に示すように，本来の状態に戻ろうとする性質を**安定**，本来の状態から遠ざかろうとする性質や本来の状態がないことを**不安定**とよぶ．したがって，この場合は，本来の状態がないので不安定である．そこで，不安定になる車速を安定限界速度とよび，V_C と記す．V_C は，式 (2.35) の左辺を 0 とした式を V について解くことによって，つぎのように求められる．

$$V_\mathrm{C} = \sqrt{-\frac{1}{A}} \tag{2.37}$$

このように，A は，不安定になる条件も意味するので，**スタビリティファクタ**とよば

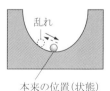
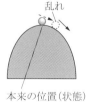

図 2.8　安定性のイメージ

れる．なお，OS では $V > V_C$ のときも不安定になる．

ここまでは，指定された R で旋回するための δ を調べてきた．今度は，δ を指定したときの旋回のようすをみてみよう．δ に対する横加速度 a_y の応答を求めるために，式 (2.30) の両辺に V^2 を掛けると，

$$\delta V^2 = \frac{V^2}{R}l(1+AV^2) = a_y l(1+AV^2)$$

となる．よって，δ に対する a_y の比は

$$\frac{a_y}{\delta} = \frac{1}{1+AV^2} \cdot \frac{V^2}{l} \tag{2.38}$$

となる．また，式 (2.38) から，δ に対するヨー角速度 r との比は，式 (2.4) の関係を使うと，

$$\frac{r}{\delta} = \frac{1}{1+AV^2} \cdot \frac{V}{l} \tag{2.39}$$

となる．

図 2.9 に式 (2.38) の計算例を，図 2.10 に式 (2.39) の計算例を示す．$A > 0$ のとき，r/δ を最大にする V は

$$V = \frac{1}{\sqrt{A}} \tag{2.40}$$

であり，この V のとき

$$\frac{r}{\delta} = \frac{1}{2l\sqrt{A}} \tag{2.41}$$

$$\frac{a_y}{\delta} = \frac{1}{2lA} \tag{2.42}$$

である．なお，式 (2.38) は，$V = \infty$ のとき，

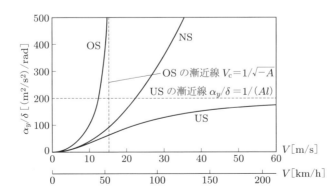

図 2.9 a_y/δ の車速依存性（$l = 2.5$ m，US: $A = 0.002$ s^2/m^2，OS: $A = -0.004$ s^2/m^2）

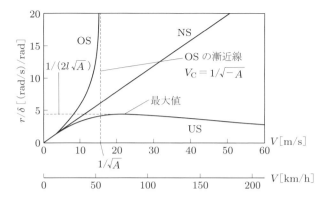

図 2.10　r/δ の車速依存性 ($l = 2.5$ m, US: $A = 0.002\,\mathrm{s^2/m^2}$, OS: $A = -0.004\,\mathrm{s^2/m^2}$)

$$\frac{a_y}{\delta} = \frac{1}{lA} \tag{2.43}$$

になる．これらを表 2.2 にまとめた．

最後に，A の意味を考えよう．A は式 (2.33) の右辺 ( ) に由来し，この ( ) の由来を遡ると，式 (2.28) の右辺 $\alpha_r - \alpha_f$ が起源である．また，A に含まれる $1/l$ は，式 (2.30) で $\alpha_r - \alpha_f$ を δ_0 で割った際に生まれた項である．したがって，A 自体の意味は，$(\alpha_r - \alpha_f)/\delta_0$，すなわち，（単位横加速度あたりの）「前後輪の見かけのスリップ角の差」に対する「アッカーマン角」の比である．

以上が，ステア特性についての説明である．ステア特性と横滑り角の性質との相違点を表 2.3 に示した．また，車速の面からのまとめを表 2.4 に示した．

表 2.2　US 車両の応答例 ($C_f = 100\,\mathrm{(m/s^2)/rad}$, $C_r = 200\,\mathrm{(m/s^2)/rad}$, $l = 2.5$ m, オーバーオールギヤ比 1)

速度	$V = \dfrac{1}{\sqrt{A}}$ ($\dfrac{r}{\delta}$ 最大)		$V = \infty$
応答	$\dfrac{r}{\delta} = \dfrac{1}{2l\sqrt{A}}$	$\dfrac{a_y}{\delta} = \dfrac{1}{2lA}$	$\dfrac{a_y}{\delta} = \dfrac{1}{lA}$
応答の数値例	4.5 (rad/s)/rad	100 $(\mathrm{m/s^2})$/rad	200 $(\mathrm{m/s^2})$/rad

表 2.3　ステア特性と横滑り特性との比較

	見かけのスリップ角	寸法諸元
ステア特性	前輪と後輪との差に支配される	ホイールベースに支配される
ある位置の横滑り角の性質	後輪のみに支配される	後輪からの距離に支配される

表 2.4 ステア特性と横滑り特性のまとめ ($C_{\mathrm{f}} = 100\ (\mathrm{m/s^2})/\mathrm{rad}$, $C_{\mathrm{r}} = 200\ (\mathrm{m/s^2})/\mathrm{rad}$, $l = 2.5\ \mathrm{m}$)

速度	$V = \sqrt{l_{\mathrm{r}} C_{\mathrm{r}}}$	$V = \dfrac{1}{\sqrt{A}}$	$V = \sqrt{l C_{\mathrm{r}}}$
特徴	$\beta = 0$	r/δ 最大	$\beta_{\mathrm{f}} = 0$
速度の数値例	17.3 m/s	22.4 m/s	22.4 m/s

2.5 等価コーナリング係数の設定方針

この章で導いた各性能を図 2.11 にまとめた．この図から，後輪等価コーナリング係数 C_{r} が大きいほど，後輪位置車体横滑り角 β_{r} は減少（向上）することがわかる．よって，C_{r} は大きいほど望ましい．一方，前輪等価コーナリング係数 C_{f} は，スタビリティファクタ A の成立範囲である $A = 0.001 \sim 0.004\ \mathrm{s^2/m^2}$ に入るように C_{f} を決めなければならない．この C_{r} と C_{f} の設定方針のまとめを表 2.5 に示す．

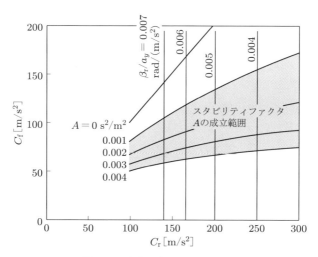

図 2.11 定常円旋回性能のまとめ

表 2.5 舵角に対する操舵応答の向上法

第 1 段階	C_{r} をできるだけ大きく設定する
第 2 段階	A が成立範囲に入るように C_{f} を設定する

第3章
動的な操舵応答の基本性能

操縦性の性能開発では「いかに気持ちよく車両を曲げるか」について他車と競い合っている．その対象になるのは，おもに，ハンドルを切った瞬間やその直後の車両の動き方である．そこでこの章では，それらの基礎として，操舵応答の動的な性質を機械的な側面から述べる．まず，共振現象について，つぎに，sin波で操舵したときの応答について，最後に，タイヤの弾性が共振現象に及ぼす影響について解説する．なお，この章でも，ドライバが角度だけで操舵するポジションコントロールを想定する．

3.1 共振現象

この節では，まず，ヨーや横滑りの共振の基本的性質を数式で表し，つぎに，共振のしくみについて述べる．

3.1.1 固有振動数と減衰比

お寺の鐘を突いたことがある方なら，鐘を突く丸太が思いどおりには動かなかった経験があるだろう．これは**固有振動数**に起因する．固有振動数とは，**自由振動**で振動するときの（角）周波数のことである†．自由振動とは，外力が加わらない状態の振動のことである．たとえば，丸太の場合，つり合いの位置からずらし，そっと手を離したときの振動である．

丸太が思いどおりに動かない理由は，丸太に加える力の周波数よりも，丸太の固有振動数のほうが低いためである．このように，固有振動数が低いほど，素速く動かすことは難しく，固有振動数が高いほど，素速く動かしやすい．したがって，固有振動数の高さが，操舵応答の速さの目安の一つになる．

車両の固有振動数が現れる例として，舵角を0に保ったまま，ヨー角速度 r が初期値 0.1 rad/s のときの応答を計算した結果を図3.1に示す．このようなポジションコントロール下の振動的現象を**ヨー共振**とよぶ．

図3.1に示す振動は，時間とともに減り，一定値に漸近する．このように，時間と

---

† 固有振動数には無減衰固有振動数と減衰固有振動数の2種類がある．これらのうち本書では無減衰固有振動数を指す．

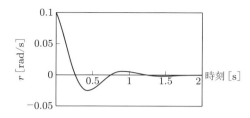

図 3.1 振動的な操舵応答の例 ($V = 50$ m/s, $C_\mathrm{f} = 100$ (m/s^2)/rad, $C_\mathrm{r} = 200$ (m/s^2)/rad, $l = 2.5$ m, $k_\mathrm{N} = 1$)

ともに振動の振れ幅が減る性質を**減衰**とよび,減衰の大きさを表す指標を**減衰比**とよぶ.振動が速く収まることも応答の速さの一種なので,減衰比の大きさも,操舵応答の速さの目安の一つになる.

以上のことから,操舵応答の速さは,ヨー共振の固有振動数と減衰比の2種類によって表される.そこで,ヨー共振の固有振動数と減衰比を求めよう(結論から知りたい方は,式 (3.16), (3.17) にとんで頂きたい).

まず,車両の運動方程式は

$$V(r + \dot{\beta}) = -\left(\frac{l_\mathrm{r}}{l}C_\mathrm{f} + \frac{l_\mathrm{f}}{l}C_\mathrm{r}\right)\beta - \frac{l_\mathrm{f}l_\mathrm{r}}{lV}(C_\mathrm{f} - C_\mathrm{r})r + \frac{l_\mathrm{r}}{l}C_\mathrm{f}\delta \quad (1.63:\text{再})$$

$$k_\mathrm{N}^2\dot{r} = -\frac{1}{l}(C_\mathrm{f} - C_\mathrm{r})\beta - \left(\frac{l_\mathrm{f}}{lV}C_\mathrm{f} + \frac{l_\mathrm{r}}{lV}C_\mathrm{r}\right)r + \frac{1}{l}C_\mathrm{f}\delta \quad (1.64:\text{再})$$

であった.ここで,C_f は前輪等価コーナリング係数を表し,C_r は後輪等価コーナリング係数を,k_N はヨー慣性半径係数を,V は車速を,β は重心位置の車体横滑り角を,δ は舵角を,l はホイールベースを,l_f は前輪〜重心間距離を,l_r は重心〜後輪間距離を表す.

つぎに,自由振動の条件として $\delta = 0$ とすると,この運動方程式は

$$V(r + \dot{\beta}) = -\left(\frac{l_\mathrm{r}}{l}C_\mathrm{f} + \frac{l_\mathrm{f}}{l}C_\mathrm{r}\right)\beta - \frac{l_\mathrm{f}l_\mathrm{r}}{lV}(C_\mathrm{f} - C_\mathrm{r})r \quad (3.1)$$

$$k_\mathrm{N}^2\dot{r} = -\frac{1}{l}(C_\mathrm{f} - C_\mathrm{r})\beta - \left(\frac{l_\mathrm{f}}{lV}C_\mathrm{f} + \frac{l_\mathrm{r}}{lV}C_\mathrm{r}\right)r \quad (3.2)$$

となる.ここで,微分の記号(ラプラス演算子)を s と記し,上の2式中のドット「・」を s で置き換える[†]と,

$$\dot{r} = sr \quad (3.3)$$

[†] 一般的なラプラス変換は,初期条件も含めてラプラス変換し,その式を変形した後,ラプラス逆変換することを前提としている.しかし,本書ではラプラス逆変換を行わないので,初期条件をラプラス変換する必要はない.そのため,d/dt として s を用いる.

$$\dot{\beta} = s\beta \tag{3.4}$$

となる.この表記を用いると,式 (3.1) と式 (3.2) はそれぞれ

$$V(r + \beta s) = -\left(\frac{l_\mathrm{r}}{l}C_\mathrm{f} + \frac{l_\mathrm{f}}{l}C_\mathrm{r}\right)\beta - \frac{l_\mathrm{f} l_\mathrm{r}}{lV}(C_\mathrm{f} - C_\mathrm{r})r \tag{3.5}$$

$$k_\mathrm{N}{}^2 rs = -\frac{1}{l}(C_\mathrm{f} - C_\mathrm{r})\beta - \left(\frac{l_\mathrm{f}}{lV}C_\mathrm{f} + \frac{l_\mathrm{r}}{lV}C_\mathrm{r}\right)r \tag{3.6}$$

と書ける.

式 (3.5) と式 (3.6) から,代入法や消去法によって β を消去すると,つぎの式が得られる.

$$\left[k_\mathrm{N}{}^2 s^2 + \left(\frac{l_\mathrm{f} + k_\mathrm{N}{}^2 l_\mathrm{r}}{lV}C_\mathrm{f} + \frac{k_\mathrm{N}{}^2 l_\mathrm{f} + l_\mathrm{r}}{lV}C_\mathrm{r}\right)s + \frac{C_\mathrm{r}}{l} + \frac{C_\mathrm{f}}{l}\left(\frac{lC_\mathrm{r}}{V^2} - 1\right)\right]r = 0 \tag{3.7}$$

これが自由振動下の r の運動方程式である(なお,$s^2 r$ は $\ddot{r}$ を意味する).ここで,自由振動を想定しているから,$r \neq 0$ のときがある.したがって,式 (3.7) が常に成り立つためには,上式の [ ] 内が 0 である必要がある.

一方,式 (3.5) と式 (3.6) から,r を消去すると,つぎの式が得られる.

$$\left[k_\mathrm{N}{}^2 s^2 + \left(\frac{l_\mathrm{f} + k_\mathrm{N}{}^2 l_\mathrm{r}}{lV}C_\mathrm{f} + \frac{k_\mathrm{N}{}^2 l_\mathrm{f} + l_\mathrm{r}}{lV}C_\mathrm{r}\right)s + \frac{C_\mathrm{r}}{l} + \frac{C_\mathrm{f}}{l}\left(\frac{lC_\mathrm{r}}{V^2} - 1\right)\right]\beta = 0 \tag{3.8}$$

これが自由振動下の β の運動方程式である.ここでも,自由振動を想定しているから,$\beta \neq 0$ のときがある.したがって,式 (3.8) が常に成り立つためには,上式の [ ] 内が 0 である必要がある.

ここで,式 (3.7) の [ ] 内と式 (3.8) の [ ] 内とは等しいから,自由振動において r や β が満たすべき条件式は,つぎのようになる.

$$k_\mathrm{N}{}^2 s^2 + \left(\frac{l_\mathrm{f} + k_\mathrm{N}{}^2 l_\mathrm{r}}{lV}C_\mathrm{f} + \frac{k_\mathrm{N}{}^2 l_\mathrm{f} + l_\mathrm{r}}{lV}C_\mathrm{r}\right)s + \frac{C_\mathrm{r}}{l} + \frac{C_\mathrm{f}}{l}\left(\frac{lC_\mathrm{r}}{V^2} - 1\right) = 0 \tag{3.9}$$

この式のように,自由振動において満たすべき条件式を**特性方程式**とよぶ.特性方程式は,式 (3.7) や式 (3.8) に由来するので,特性方程式を「1 変数だけで表した自由振動の運動方程式」と考えても差し支えない.

つぎに,式 (3.9) の s^1 の係数を簡潔にしよう.乗用車では,前輪の荷重配分は 0.4 〜 0.6 程度だから,

$$l_\mathrm{r} \approx l_\mathrm{f} \approx l/2 \tag{3.10}$$

とみなすと,

$$l_\mathrm{f} + k_\mathrm{N}{}^2 l_\mathrm{r} \approx k_\mathrm{N}{}^2 l_\mathrm{f} + l_\mathrm{r} \approx \frac{1 + k_\mathrm{N}{}^2}{2}l \tag{3.11}$$

の関係が成り立つ．この式の両辺で結ばれるのは，$l_\mathrm{f} = l_\mathrm{r} = l/2$ または $k_\mathrm{N} = 1$ の場合である．乗用車では $k_\mathrm{N}^2 = 0.85 \sim 1.05$ とされるので[17]，式 (3.11) の右辺を $k_\mathrm{N} = 1$ のまわりでテーラー展開し，$k_\mathrm{N} - 1$ の 2 次以上の項を無視すると，

$$\frac{1 + k_\mathrm{N}^2}{2} l \approx k_\mathrm{N} l \tag{3.12}$$

となる．したがって，式 (3.11) と式 (3.12) から，

$$l_\mathrm{f} + k_\mathrm{N}^2 l_\mathrm{r} \approx k_\mathrm{N}^2 l_\mathrm{f} + l_\mathrm{r} \approx k_\mathrm{N} l \tag{3.13}$$

の関係が得られる．

式 (3.13) を式 (3.9) に代入し，さらに，両辺を k_N^2 で割ると，

$$s^2 + \frac{C_\mathrm{f} + C_\mathrm{r}}{k_\mathrm{N} V} s + \frac{C_\mathrm{r}}{k_\mathrm{N}^2 l} + \frac{C_\mathrm{f}}{k_\mathrm{N}^2 l} \left(\frac{lC_\mathrm{r}}{V^2} - 1 \right) \approx 0 \tag{3.14}$$

となる．これがポジションコントロール下の車両の特性方程式である．

一方，固有振動数を ω_n，減衰比を ζ と記した一般的な形式の特性方程式は，つぎのように書ける．

$$s^2 + 2\zeta\omega_\mathrm{n} s + \omega_\mathrm{n}^2 = 0 \tag{3.15}$$

式 (3.14) と式 (3.15) を比較すると，

$$\omega_\mathrm{n} = \sqrt{\frac{C_\mathrm{r}}{k_\mathrm{N}^2 l} + \frac{C_\mathrm{f}}{k_\mathrm{N}^2 l} \left(\frac{lC_\mathrm{r}}{V^2} - 1 \right)} \tag{3.16}$$

$$\zeta\omega_\mathrm{n} \approx \frac{C_\mathrm{f} + C_\mathrm{r}}{2k_\mathrm{N} V} \tag{3.17}$$

の関係が得られる．ω_n を**ヨー固有振動数**，ζ を**ヨー減衰比**とよぶ．ω_n の単位は rad/s，ζ の単位は無次元である．また，$\zeta\omega_\mathrm{n}$ を**速応性**とよぶ．$\zeta\omega_\mathrm{n}$ の単位は 1/s である．なお，C の代わりに等価コーナリングパワ K を，k_N の代わりにヨー慣性モーメント I_z を用いると，ω_n と $\zeta\omega_\mathrm{n}$ は，それぞれ

$$\omega_\mathrm{n} = \sqrt{\frac{4K_\mathrm{f} K_\mathrm{r} l^2}{m I_z V^2} - \frac{2(l_\mathrm{f} K_\mathrm{f} - l_\mathrm{r} K_\mathrm{r})}{I_z}} \tag{3.18}$$

$$\zeta\omega_\mathrm{n} = \frac{K_\mathrm{f} + K_\mathrm{r}}{mV} + \frac{l_\mathrm{f}^2 K_\mathrm{f} + l_\mathrm{r}^2 K_\mathrm{r}}{I_z V} \tag{3.19}$$

と表され[13]，式 (3.15) や (3.16) よりも複雑になる．なお，m は車両質量である．

ω_n の計算例を図 3.2 に示す．このうち図 (a) は，C_f だけを変化させた図である．この図には，三つの C_f の値についての ω_n が描かれているが，C_f を変化させても ω_n が変化しない V がある．そこで，この V を求めよう．C_f を変化させても ω_n が変化しない理由は，式 (3.16) の ( ) 内が 0 であるためである．したがって，ω_n が C_f と無関

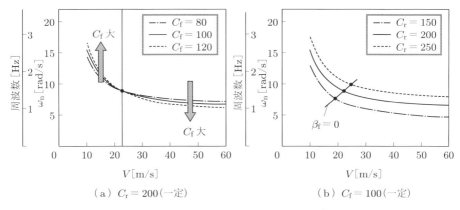

図 3.2　ヨー固有振動数の計算例

係であるための条件は
$$\frac{lC_r}{V^2} - 1 = 0 \tag{3.20}$$
である．よって，この V は，
$$V = \sqrt{lC_r} \tag{3.21}$$
である．この V は式 (2.24) と同じだから，C_f が変化しても ω_n が変化しない V は，定常旋回で前輪位置車体横滑り角 β_f が 0 になるときの車速 $V_{\beta_f=0}$ である．一方，図 3.2(b) は，C_r だけを変化させた図である．C_r を大きくすると，あらゆる V において ω_n も大きくなる．したがって，ω_n を増加させるためには C_r を大きくすることが有効であり，C_r に比べると C_f の影響は小さい．

さらに，図 3.3 に，C_f や C_r を変化させたときの ω_n と $\zeta\omega_n$ を示す．C_r が大きいほ

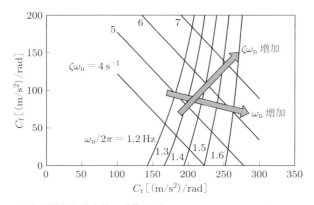

図 3.3　固有振動数と速応性の計算例（$k_N = 1$, $V = 27.8$ m/s, $l = 2.5$ m）

ど ω_n も $\zeta\omega_n$ も大きく，C_f が大きいほど $\zeta\omega_n$ も大きい．したがって，ω_n と $\zeta\omega_n$ をともに大きくする方法は，まず C_r を大きくしたうえで，ω_n が減らない範囲で C_f を大きくすることである．

■ 3.1.2 共振モード

ヨー共振のメカニズムについて考えよう．一般に共振現象は，**つり合いの位置**に向かってはたらく力（**復原力**）によって物体が加速することに起因する．そこで，ヨー共振のつり合いの位置と復原力を考察しよう．

結論を先に述べると，図 3.4 に示すように，ヨー共振のつり合いの位置は前輪位置の速度 V_f の延長線上であり，その線に向かって後輪が加速する（この現象は，$k_N = 1$ かつ $V = \sqrt{lC_r} = V_{\beta_{f=0}}$ の条件のときに生じる）．この加速度は，つり合いの位置から後輪までの距離 ε に比例する．この導出過程を以下に述べる（結論から知りたい方は，式 (3.56) にとんで頂きたい）．

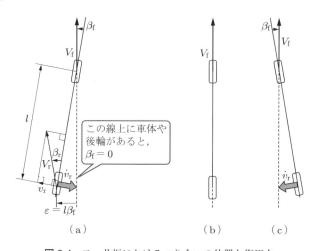

図 3.4 ヨー共振におけるつり合いの位置と復原力

まず，準備段階として，復原力が運動方程式にどのように表れるのかを図 3.5 のモデルで確認しよう．ニュートンの法則は，

$$ma = f \tag{3.22}$$

である．ここで，m は質点の質量，a はその加速度，f はばねにはたらく力である．この式の f は，フックの法則から，

$$f = -kx \tag{3.23}$$

と表される．ここで，k はばね定数，x はその変位である．図中の x や a，m，f は，

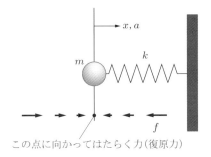

図 3.5 1 自由度ばねマス系における復原力：つり合いの位置からの距離に比例した復原力によって質点が加速され，つり合いの位置を行き過ぎることの繰り返しによって共振現象が生じる．

一般に用いられる記号であり，車両の物理量とは関係ない．この式の右辺に負号がつく理由は，x と a とが逆向きだからである．この負号のために，f は，図 3.5 に示すように，つり合いの位置に向かう復原力である．この二つの式から f を消去することによって，運動方程式は

$$ma = -kx \tag{3.24}$$

となる．この式は，つぎのように変形できる．

$$a = -\frac{k}{m}x \tag{3.25}$$

この式から，共振現象は，つぎのように解釈できる：「右辺の負号が復原力を示し，右辺の物理量が 0 のところ（$x = 0$）につり合いの位置があり，そこに向かって，つり合いの位置からの距離に比例した運動（加速度 a）が生じる」．したがって，式 (3.25) に準じた形式で運動方程式が書ければ，つり合いの位置と，そこに向かっていく物体を見出すことができる．

つぎに，式 (3.25) の k/m について考察するために，この式を解いてみよう．この形式の微分方程式の解は sin 関数や cos 関数で表されることが知られているので，x を

$$x = x_0 \sin \omega t \tag{3.26}$$

とおく．ここで，x_0 は振幅を，ω は角周波数を表す．この式を 2 階微分すると，

$$a = -\omega^2 x_0 \sin \omega t \tag{3.27}$$

となる．式 (3.26)，(3.27) を式 (3.25) に代入すると，

$$-\omega^2 x_0 \sin \omega t = -\frac{k}{m} x_0 \sin \omega t \tag{3.28}$$

となる．この式の両辺を $-x_0 \sin \omega t$ で割って，さらにその平方根をとると，

$$\omega = \sqrt{\frac{k}{m}} \tag{3.29}$$

となるから，この ω が式 (3.25) を満たす「唯一の」ω である．そこで，この ω を図 3.5 のばねマス系「固有の振動数」と考えて，**固有振動数**とよび，ω_n と記す．したがって，式 (3.29) を式 (3.25) に代入し，$\omega = \omega_\mathrm{n}$ と書けば，共振を表す運動方程式は

$$a = -\omega_\mathrm{n}^2 x \tag{3.30}$$

と書ける．したがって，負号を含む運動方程式が，ヨー共振現象を表す．

そこで，この形式の車両の運動方程式を導こう．そのために，車両を図 3.6 のように表し，2 自由度運動を表す変数として，前後輪の横滑り角 β_f と β_r を使う．そのために，r と β を消去しよう（結論から知りたい方は，式 (3.39)，(3.40) にとんで頂きたい）．

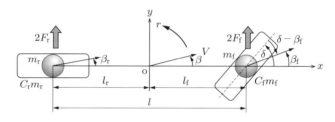

図 3.6 2 質点モデル

β_f と β_r は，それぞれ

$$\beta_\mathrm{f} = \beta + \frac{l_\mathrm{f}}{V} r \tag{1.53：再}$$

$$\beta_\mathrm{r} = \beta - \frac{l_\mathrm{r}}{V} r \tag{1.55：再}$$

と表せた．この二つの式を変形して，β_f と β_r を使って r と β を表すと，

$$r = \frac{V}{l}(\beta_\mathrm{f} - \beta_\mathrm{r}) \tag{3.31}$$

$$\beta = \frac{l_\mathrm{r}\beta_\mathrm{f} + l_\mathrm{f}\beta_\mathrm{r}}{l} \tag{3.32}$$

となる．この二つの式を微分すると，

$$\dot{r} = \frac{V}{l}(\dot{\beta}_\mathrm{f} - \dot{\beta}_\mathrm{r}) \tag{3.33}$$

$$\dot{\beta} = \frac{l_\mathrm{r}\dot{\beta}_\mathrm{f} + l_\mathrm{f}\dot{\beta}_\mathrm{r}}{l} \tag{3.34}$$

となる．一方，車両の運動方程式は

$$mV(r + \dot{\beta}) \approx 2F_{\text{f}} + 2F_{\text{r}} \tag{1.59:再}$$

$$I_z \dot{r} = 2l_{\text{f}} F_{\text{f}} - 2l_{\text{r}} F_{\text{r}} \tag{1.60:再}$$

であった．ここで，$2F_{\text{f}}$ と $2F_{\text{r}}$ は，それぞれ前後輪のコーナリングフォースである．これらの式に，式 (1.46)，(1.38)，(1.56)，(1.57) と $I_z = k_{\text{N}}{}^2 l_{\text{f}} l_{\text{r}} m$ を代入すると，運動方程式は

$$mV(r + \dot{\beta}) = -C_{\text{f}} m_{\text{f}} (\beta_{\text{f}} - \delta) - C_{\text{r}} m_{\text{r}} \beta_{\text{r}} \tag{3.35}$$

$$k_{\text{N}}{}^2 l_{\text{f}} l_{\text{r}} m \dot{r} = -l_{\text{f}} C_{\text{f}} m_{\text{f}} (\beta_{\text{f}} - \delta) + l_{\text{r}} C_{\text{r}} m_{\text{r}} \beta_{\text{r}} \tag{3.36}$$

となる．さらに，式 (3.35) の左辺に式 (3.31)，(3.34) を代入すると，

$$mV \left[\frac{V}{l}(\beta_{\text{f}} - \beta_{\text{r}}) + \frac{l_{\text{r}} \dot{\beta}_{\text{f}} + l_{\text{f}} \dot{\beta}_{\text{r}}}{l} \right] = -C_{\text{f}} m_{\text{f}} (\beta_{\text{f}} - \delta) - C_{\text{r}} m_{\text{r}} \beta_{\text{r}} \tag{3.37}$$

となり，この式の変数は r や β の代わりに β_{f} と β_{r} で表される．これと同様に，式 (3.36) の左辺に，式 (3.33) と $k_{\text{N}} = 1$ を代入すると，

$$l_{\text{f}} l_{\text{r}} m \frac{V}{l} (\dot{\beta}_{\text{f}} - \dot{\beta}_{\text{r}}) = -l_{\text{f}} C_{\text{f}} m_{\text{f}} (\beta_{\text{f}} - \delta) + l_{\text{r}} C_{\text{r}} m_{\text{r}} \beta_{\text{r}} \tag{3.38}$$

となり，この式も β_{f} と β_{r} で表される．式 (3.37)，(3.38) を $\dot{\beta}_{\text{f}}$ と $\dot{\beta}_{\text{r}}$ について解くことによって，2 自由度運動を β_{f} と β_{r} で表した運動方程式

$$\dot{\beta}_{\text{f}} = -\left(\frac{C_{\text{f}}}{V} + \frac{V}{l} \right) \beta_{\text{f}} + \frac{V}{l} \beta_{\text{r}} + \frac{C_{\text{f}}}{V} \delta \tag{3.39}$$

$$\dot{\beta}_{\text{r}} = -\left(\frac{C_{\text{r}}}{V} - \frac{V}{l} \right) \beta_{\text{r}} - \frac{V}{l} \beta_{\text{f}} \tag{3.40}$$

が得られる．この二つの式は，図 3.6 の車両の前輪位置と後輪位置に注目した運動方程式である．なお，この変形には，式 (1.3) と式 (1.5) の関係を使った．

つぎに，自由振動として $\delta = 0$ とし，さらに，式 (3.21) で求めた，C_{f} が ω_{n} に影響しない V である $V_{\beta_{\text{f}}=0} (= \sqrt{lC_{\text{r}}})$ を想定し，$V = \sqrt{lC_{\text{r}}}$ とする．

$V = \sqrt{lC_{\text{r}}}$ はつぎの式に変形できる．

$$\frac{V}{l} = \frac{C_{\text{r}}}{V} \tag{3.41}$$

この C_{r}/V は，式 (7.5) で定義される**ヨー進み時定数** T_r の逆数である．上式を，(3.39)，(3.40) に代入すると，つぎのようになる．

$$\dot{\beta}_{\text{f}} = -\frac{C_{\text{f}} + C_{\text{r}}}{V} \beta_{\text{f}} + \frac{C_{\text{r}}}{V} \beta_{\text{r}} + \frac{C_{\text{f}}}{V} \delta \tag{3.42}$$

$$\dot{\beta}_{\text{r}} = -\frac{V}{l} \beta_{\text{f}} \tag{3.43}$$

これらの式に，自由振動を想定して $\delta = 0$ を代入すると，つぎのようになる．

58　第3章　動的な操舵応答の基本性能

$$\dot{\beta}_{\mathrm{f}} = -\frac{C_{\mathrm{f}} + C_{\mathrm{r}}}{V}\beta_{\mathrm{f}} + \frac{C_{\mathrm{r}}}{V}\beta_{\mathrm{r}} \tag{3.44}$$

$$\dot{\beta}_{\mathrm{r}} = -\frac{C_{\mathrm{r}}}{V}\beta_{\mathrm{f}} \tag{3.45}$$

ここで，$k_{\mathrm{N}} = 1$ を想定しているから，式 (3.44) の右辺の β_{f} の係数は，式 (3.17) と比較すると $-2\zeta\omega_{\mathrm{n}}$ である．また，$k_{\mathrm{N}} = 1$ かつ $V = \sqrt{lC_{\mathrm{r}}}$ を式 (3.16) に代入した式に，$C_{\mathrm{r}}/l = V^2/l^2$（式 (3.41) 参照）を代入すると

$$\omega_{\mathrm{n}} = \sqrt{\frac{C_{\mathrm{r}}}{l}} = \frac{V}{l} = \frac{C_{\mathrm{r}}}{V} \tag{3.46}$$

だから，式 (3.44), (3.45) はそれぞれつぎのように書ける[56]．

$$\dot{\beta}_{\mathrm{f}} = -2\zeta\omega_{\mathrm{n}}\beta_{\mathrm{f}} + \omega_{\mathrm{n}}^2\frac{V}{C_{\mathrm{r}}}\beta_{\mathrm{r}} \tag{3.47}$$

$$\dot{\beta}_{\mathrm{r}} = -\frac{C_{\mathrm{r}}}{V}\beta_{\mathrm{f}} \tag{3.48}$$

したがって，右辺に負号を含む式 (3.48) が式 (3.30) に対応する．これは，式 (3.48) の右辺の負号が復原力を，右辺の変数 β_{f} がつり合いの位置 $\beta_{\mathrm{f}} = 0$ を示唆し，左辺の $\dot{\beta}_{\mathrm{r}}$，すなわち後輪がつり合いの位置に向かって動くことを意味する．$\beta_{\mathrm{f}} = 0$ の具体的意味は図 3.4 に示していた．前輪位置の速度ベクトル V_{f} の延長線上に車体や後輪があると $\beta_{\mathrm{f}} = 0$ になるから，ヨー共振では V_{f} の延長線上がつり合いの位置であり，この線に向かって後輪が加速するのである．

　この考察をさらに詳細に確認しよう．図 3.4(a) に示したように，後輪位置の y 方向の速度を v_{r} と記すと，

$$v_{\mathrm{r}} = V_{\mathrm{r}} \sin\beta_{\mathrm{r}} \approx V_{\mathrm{r}}\beta_{\mathrm{r}} \tag{3.49}$$

だから，

$$\dot{v}_{\mathrm{r}} = V_{\mathrm{r}}\dot{\beta}_{\mathrm{r}} \tag{3.50}$$

となる．ここで，V_{r} と V は，向きは違うが大きさは同じだから，この式は

$$\dot{v}_{\mathrm{r}} = V\dot{\beta}_{\mathrm{r}} \tag{3.51}$$

と書くこともできる．よって，$\dot{\beta}_{\mathrm{r}}$ は

$$\dot{\beta}_{\mathrm{r}} = \frac{\dot{v}_{\mathrm{r}}}{V} \tag{3.52}$$

である．つぎに，V_{f} の延長線から後輪までの距離を ε と記すと，$\varepsilon = l\beta_{\mathrm{f}}$ だから，

$$\beta_{\mathrm{f}} = \frac{\varepsilon}{l} \tag{3.53}$$

と書ける．式 (3.52), (3.53) を式 (3.48) に代入して，整理すると，

$$\dot{v}_r = -\frac{V}{l}\omega_n \varepsilon \tag{3.54}$$

となる．この式の V に，想定している条件である式 (3.21) を代入すると，

$$\dot{v}_r = -\sqrt{\frac{C_r}{l}}\omega_n \varepsilon \tag{3.55}$$

となる．この式に式 (3.46) を代入すると，

$$\dot{v}_r = -\omega_n{}^2 \varepsilon \tag{3.56}$$

となる．この式と式 (3.30) とを比べると，x が ε に，a が $\dot{v}_r$ に対応している．したがって，ヨー共振とは，V_f の延長線がつり合いの位置であり，延長線からの距離 ε に比例して，比例定数 $-\omega_n{}^2$ とする加速度を後輪が発生する現象であることが確認できる．これが式 (3.21) の V かつ $k_N = 1$ のときのヨー共振現象である．

以上は自由振動の現象であったが，最後にヨー固有振動数 ω_n で舵角 δ を変化させた場合，つまり

$$\delta = \delta_0 \sin\omega_n t \tag{3.57}$$

の場合のヨー共振のモード（**強制モード**）をみてみよう．ここで，δ_0 は定数である．このときの β_f と β_r の時系列波形を図 3.7 に示す．β_f よりも β_r が 1/4 周期遅れ，両者の振幅は等しい．このときの前後輪の軌跡を図 3.8 に示す．前後輪の軌跡の振幅が等しいため，蛇行の中心線である破線上に前輪があるとき $\beta_f = 0$，後輪があるとき $\beta_r = 0$ になる．したがって，$\beta_f = 0$ である位置 A，C のとき図 3.4(b) の状態である．また位置 B では図 3.4(a)，位置 D では図 3.4(c) の状態であり，このとき，後輪は V_f の延長線に向かって加速している．

■ 3.1.3　ヨー共振メカニズム

ヨー共振現象の発生メカニズムについて述べる．式 (3.47)，(3.48) をブロック線図で表したものを図 3.9 に示す．ブロック線図とは，微分方程式（運動方程式）を視覚的に表現したものである．図中の矢印は計算（運動）の順序を意味し，四角内の記号を物理量に掛けていく．とくに，$1/s$ を掛けることは積分を意味する．また，丸印は足し算や引き算を表す．この図の「共振」と書かれた枠内に示すように「$\dot{\beta}_r$ →積分→ β_r → $\dot{\beta}_f$ →積分→ β_f → $\dot{\beta}_r$」がヨー共振の 1 サイクルになる．したがって，前輪の動き ($\dot{\beta}_f$, β_f) が後輪に伝わり ($\dot{\beta}_r$, β_r)，その動きによって再び前輪が動く ($\dot{\beta}_f$, β_f)．この繰り返しが，$V = V_{\beta_f=0} = \sqrt{lC_r}$ かつ $k_N = 1$ の場合のヨー共振現象なのである．なお，「β_r →微分→ $\dot{\beta}_r$」ではなく，「$\dot{\beta}_r$ →積分→ β_r」のように積分されて変数が変化していく理由は，運動の法則によって，まず加速度が決まるために，「加速度→積分

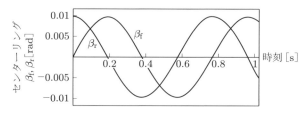

図 3.7 ヨー共振強制モードにおける β_f と β_r の時刻歴応答（$V = \sqrt{C_r l}$, $C_f = 100$ (m/s^2)/rad, $C_r = 200$ (m/s^2)/rad, $l = 2.5$ m, $k_N = 1$）

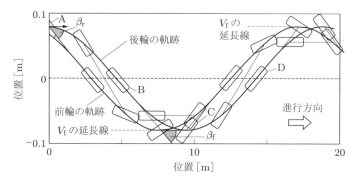

図 3.8 ヨー共振強制モードにおける前後輪の軌跡（$V = \sqrt{C_r l}$, $C_f = 100$ (m/s^2)/rad, $C_r = 200$ (m/s^2)/rad, $l = 2.5$ m, $k_N = 1$）

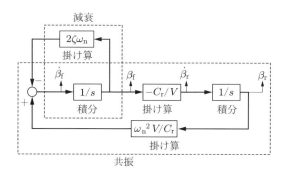

図 3.9 自由振動状態のヨー共振のブロック線図（$V = V_{\beta_r=0} = \sqrt{l C_r}$ かつ $\delta = 0$, $k_N = 1$）

→速度→積分→変位」のように物理変数が変化するためである．そのため，物体の運動を表すブロック線図は微分ではなく積分で表される．

つぎに，前輪の動きが後輪に，後輪の動きが前輪に伝わるしくみを考えよう．前者は式 (3.42) 中の $(V/l)\beta_r$ によって，後者は式 (3.43) 中の $-(V/l)\beta_f$ によって伝わる．これらの項の由来は式 (3.31) であり，この式は β_f と β_r によって r を表した式であ

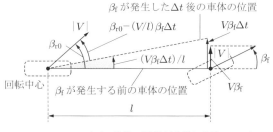

図 3.10 前後輪の間の運動伝達メカニズム：あらゆる角度は微小と仮定しているため，図中の各タイヤの速度は，すべて同じ大きさ $|V|$ とみなしている．

る．この意味は，図 3.10(a) に示すように，前輪位置と後輪位置の y 方向の速度差を l で割ったものが r であることである．そこで，この図をもとに $(V/l)\beta_r$ や $-(V/l)\beta_f$ の意味を考えよう．

まず，式 (3.42) 右辺第 2 項の $(V/l)\beta_r$ の意味を図 3.10(b) に示す．この図では β_f の初期条件を $\beta_f = \beta_{f0}$ と記した．β_r が生じた後のごくわずかな時間 Δt [s] の間，後輪位置の速度 $V\beta_r$ によって後輪は $V\beta_r \Delta t$ だけ移動する．この間の車体の回転角は，ホイールベースが l だから，

$$-\frac{V\beta_r \Delta t}{l} \tag{3.58}$$

である．このため，Δt [s] 後の β_f は

$$\beta_{\mathrm{f}} = \beta_{\mathrm{f}0} + \frac{V}{l}\beta_{\mathrm{r}}\Delta t \tag{3.59}$$

になる．したがって，Δt [s] 間の β_{f} の変化率 $\dot{\beta}_{\mathrm{f}}$ は

$$\dot{\beta}_{\mathrm{f}} = \frac{V}{l}\beta_{\mathrm{r}} \tag{3.60}$$

である．このように，後輪が前輪まわりに回転する角速度が，式 (3.42) 右辺第 2 項の $(V/l)\beta_{\mathrm{r}}$ の意味である．この回転運動によって，後輪から前輪に運動が伝わるのである．なお，図 3.8 において，この現象が最も顕著なのは，位置 A, C である．

つぎに，式 (3.43) 右辺の $-(V/l)\beta_{\mathrm{f}}$ の意味を図 3.10(c) に示す．この図では，β_{r} の初期条件として $\beta_{\mathrm{r}} = \beta_{\mathrm{r}0}$ と記した．β_{f} が生じた後のごくわずかな時間 Δt [s] の間，前輪位置の速度 $V\beta_{\mathrm{f}}$ によって，前輪は $V\beta_{\mathrm{f}}\Delta t$ だけ移動する．この間の車体の回転角は，

$$\frac{V\beta_{\mathrm{f}}\Delta t}{l} \tag{3.61}$$

である．このため，Δt [s] 後の β_{r} は，

$$\beta_{\mathrm{r}} = \beta_{\mathrm{r}0} - \frac{V\beta_{\mathrm{f}}\Delta t}{l} \tag{3.62}$$

になる．したがって，Δt [s] 間の β_{r} の変化率 $\dot{\beta}_{\mathrm{r}}$ は

$$\dot{\beta}_{\mathrm{r}} = -\frac{V}{l}\beta_{\mathrm{f}} \tag{3.63}$$

である．このように，前輪が後輪まわりに回転する角速度が，式 (3.43) 右辺の $-(V/l)\beta_{\mathrm{f}}$ の意味なのである．この回転運動によって，前輪から後輪に運動が伝わる．これが，図 3.4 の現象が生じるしくみである．なお，図 3.8 でこの現象が最も顕著なのは，位置 B, D である．

■ **3.1.4 減衰メカニズム**

この項では，減衰のメカニズムについて述べる．運動方程式である式 (3.47)，(3.48) のうち，減衰は，式 (3.47) の右辺第 1 項によって生じる（その他の項は，ヨー共振メカニズムの項である）．この項は，図 3.9 では，「減衰」と記された枠内にある $2\zeta\omega_{\mathrm{n}}\beta_{\mathrm{f}}$ に相当する．簡単のため，式 (3.47) から減衰に関係する第 1 項に注目すると，つぎのようになる．

$$\dot{\beta}_{\mathrm{f}} = -2\zeta\omega_{\mathrm{n}}\beta_{\mathrm{f}} \tag{3.64}$$

この式は，β_{f} と逆向きの運動が生じるところまでは式 (3.24) と同じだが，左辺が 1 階微分 $\dot{\beta}_{\mathrm{f}}$ であるため，$\beta_{\mathrm{f}} = 0$ のとき $\dot{\beta}_{\mathrm{f}} = 0$ になるので，$\beta_{\mathrm{f}} = 0$ で運動が止まる．運動が止まることは減衰の一種だから，この式が振動の減衰を意味する．β_{f} は前輪の横滑り角だから，この式は前輪の減衰を意味する．一方，$V = \sqrt{lC_{\mathrm{r}}}$ のとき式 (3.40) の右

辺には β_r の項がないから，後輪では減衰しない．したがって，$V = \sqrt{lC_r}$ のときは前輪だけが減衰するのである．

つぎに，一般的な車速での前輪の減衰について述べる．式 (3.39) で $\beta_r = \delta = 0$ とすると，

$$\dot{\beta}_f = -\left(\frac{C_f}{V} + \frac{V}{l}\right)\beta_f \tag{3.65}$$

となるので，前輪での減衰の係数は $C_f/V + V/l$ である．このうち V/l はコーナリングフォースとは無関係に決まる減衰項である．この項の意味を図 3.11 に示す．この図では β_f の初期条件を $\beta_f = \beta_{f0}$ として記してある．β_f が生じた後のごくわずかな時間 Δt [s] の間，前輪位置の速度 $V\beta_f$ によって，前輪は $V\beta_f\Delta t$ だけ移動する．この間の車体の回転角は，

$$\frac{V\beta_{f0}\Delta t}{l} \tag{3.66}$$

になる．このため，Δt [s] 後の β_f は

$$\beta_f = \beta_{f0} - \frac{V}{l}\beta_f\Delta t \tag{3.67}$$

になる．よって，Δt [s] 間の β_f の変化率 $\dot{\beta}_f$ は

$$\dot{\beta}_f = -\frac{V}{l}\beta_f \tag{3.68}$$

である．したがって，β_f が生じると，β_f を減らす側の $\dot{\beta}_f$ が生じる．そのため，この式は β_f が常に減ること，すなわち減衰を意味する．以上のように，前輪が後輪まわりに回転することによって β_f が減ることが，式 (3.65) の V/l の意味である．

一方，一般的な車速では，後輪での減衰は式 (3.40) で $\beta_f = 0$ とすると，

$$\dot{\beta}_r = -\left(\frac{C_r}{V} - \frac{V}{l}\right)\beta_r \tag{3.69}$$

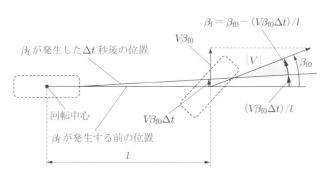

図 3.11　前輪の幾何学的な減衰効果

となるので，後輪での減衰は $C_r/V - V/l$ である．このうち $-V/l$ は，コーナリングフォースとは無関係に決まる負の減衰項である．

負の減衰項が生じる理由を述べる．図 3.12 に式 (3.69) 中の $-V/l$ の意味を示す．この図では，β_r の初期条件として $\beta_r = \beta_{r0}$ と記してある．β_r が生じた後のごくわずかな時間 Δt [s] の間，後輪位置の速度 $V\beta_r$ によって，後輪は $V\beta_r \Delta t$ だけ移動する．この間の車体の回転角は，

$$\frac{-V\beta_r \Delta t}{l} \tag{3.70}$$

である．このため，Δt [s] 後の β_r は

$$\beta_r = \beta_{r0} - \frac{-V\beta_r \Delta t}{l} \tag{3.71}$$

になる．よって，Δt [s] 間の β_r の変化率 $\dot{\beta}_r$ は

$$\dot{\beta}_r = \frac{V}{l}\beta_r \tag{3.72}$$

である．この式の右辺には負号がないから，β_r が生じると β_r はさらに増えようとする．したがって，この式は負の減衰を表す．このように，後輪が前輪まわりに回転することによって β_r が増えることが，式 (3.69) の $-V/l$ の意味である．

この負の減衰項 $-V/l$ は，前輪に付加される V/l と異符号同量である．したがって，後輪の減衰の一部が前輪に移動すると解釈できる．表 3.1 に後輪の減衰の正負を示す．高速になるほど後輪の減衰が減るため，後輪が尻振りしやすくなる．なお，この尻振りについては，4.3.2 項でも述べる．

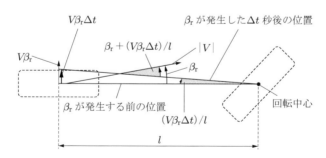

図 3.12　後輪の幾何学的な負の減衰効果

表 3.1　後輪による減衰の正負

車速	$V < \sqrt{lC_r}$	$V = \sqrt{lC_r}$	$V > \sqrt{lC_r}$
後輪の減衰 $C_r/V - V/l$	正	0	負

3.2 sin 波で操舵したときの応答

車両の応答の計測波形から，固有振動数や減衰比を求めることは一般に難しいとされる．そこで，この節では，sin 波で操舵したときの応答から固有振動数や減衰比の傾向を類推する方法について述べる．まず，図示法を述べ，つぎに，その計算方法を述べる．

■ 3.2.1 応答の分類

直進から舵角を sin 波で操舵した後，ある程度の時間が過ぎると，車両の応答波形も完全な sin 波になる．その例を図 3.13 に示す．この場合，操舵後 1 s も経たないうちにヨー角速度 r は sin 波状になる．このように**初期条件**（この場合は直進）の影響が消えた状態の応答を**定常応答**，初期条件の影響が残る状態の応答を**過渡応答**とよぶ．

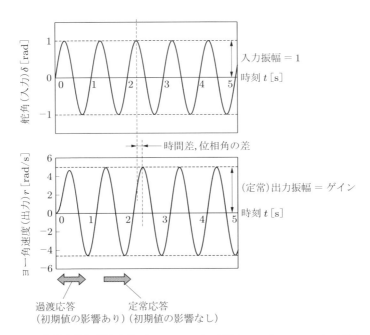

図 3.13 定常応答と過渡応答（$C_f = 100$ (m/s²)/rad, $C_r = 200$ (m/s²)/rad, $k_N = 1$, $l = 2.5$ m, $V = 27.7$ m/s（100 km/h））

■ 3.2.2 sin 波による定常応答の表し方

定常状態の表し方の一つに，sin 波を使う方法がある．たとえば，舵角を角周波数 ω [rad/s]，振幅 1 rad の正弦波

$$\delta = 1 \sin \omega t \tag{3.73}$$

で操舵したときのヨー角速度 r の定常応答を ω の関数 $G_\delta{}^r(\omega)$ と記すと，r は

$$r = |G_\delta{}^r(\omega)| \sin(\omega t + \angle G_\delta{}^r(\omega)) \tag{3.74}$$

の形式の sin 波で表すことができる．

このように，定常応答では**入力**（この場合 δ）も**出力**（この場合 r）も sin 波なので，操舵応答をつぎの二つの指標で表すことができる[†]．一つ目は「出力の振幅/入力の振幅」であり，これを**ゲイン**とよぶ．ゲインの単位は，「出力の物理量の単位/入力の物理量の単位」である．この場合の δ の振幅は 1 だから，式 (3.74) では $|G_\delta{}^r(\omega)|$ がゲインを表す．二つ目の指標は「入力と出力との位相角の差」であり，これを**位相**とよぶ．位相の単位は rad または deg である．式 (3.74) では $\angle G_\delta{}^r(\omega)$ が位相を表す．指標のまとめを表 3.2 に示す．

表 3.2 周波数応答の指標

指標	定義	単位
ゲイン	出力の振幅/入力の振幅	出力の物理量の単位/入力の物理量の単位
位相	入力と出力との位相角の差	rad もしくは deg

ゲインや位相は操舵の角周波数 ω の値によって変化する．そこで，ω に対するゲインや位相の変化を表す関数を，**周波数応答関数**とよぶ．周波数応答関数の表示法として，横軸 ω 縦軸ゲインの図と横軸 ω 縦軸位相の図を並べた図を，**周波数応答**や**ボード線図**とよぶ．$G_\delta{}^r(\omega)$ の周波数応答の例を図 3.14 に示す．

周波数応答の指標を表 3.3 に示す．周波数応答のゲインの最大値を**ピークゲイン**とよび，そのときの ω を**ピーク周波数**とよび，ω_p と記す．また，$\omega \approx 0$ のときのゲインを**定常ゲイン**[‡]とよぶことがある．ピークゲインと定常ゲインとの比が小さいほど，減衰比 ζ が大きい傾向がある．そこで複数の車両の ζ を比較する際に，ζ の代用値として，「ピークゲイン/定常ゲイン」の小ささを使うことがある．また，ω_p が大きいほど ω_n も大きい傾向があるので，複数の車両の ω_n を比較する際に，ω_n の代わりに ω_p を使うことがある．

[†] たとえば，r が生じるのは δ に起因するので，δ が原因であり，r は結果である．原因の変数を**入力**，結果の変数を**出力**とよぶ．

[‡] 定常ゲインの「定常」とは定常円旋回の定常を意味する．なお，$\omega = 0$ の定常応答は定常円旋回を表すので，δ に対する r の定常ゲインは，式 (2.39) によって表される．

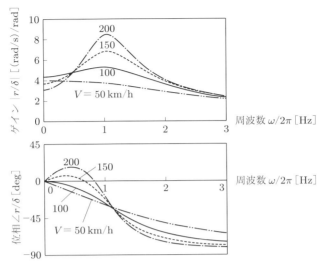

図 3.14 δ に対する r の周波数応答関数 $G_\delta{}^r(\omega)$ の周波数応答 ($C_{\mathrm{f}} = 100$ (m/s^2)/rad, $C_{\mathrm{r}} = 200$ (m/s^2)/rad, $l = 2.5$ m, $k_{\mathrm{N}} = 1$, $V = 27.8$ m/s)

表 3.3 周波数応答によるヨー共振の性質の類推

想定する指標	代用の指標
固有振動数 ω_{n} の大きさ	ピーク周波数 ω_{p} の大きさ
減衰比 ζ の大きさ	ピークゲイン/定常ゲインの小ささ

■ 3.2.3 周波数応答関数の計算法

つぎに,式 (3.74) 中の $|G_\delta{}^r(\omega)|$ や $\angle G_\delta{}^r(\omega)$ の計算法を述べる.まず,式 (1.63) と式 (1.64) とから代入法や消去法によって重心位置車体横滑り角 β を消去すると,つぎの式が得られる.

$$k_{\mathrm{N}}{}^2 lV \left[s^2 + \frac{C_{\mathrm{f}} + C_{\mathrm{r}}}{k_{\mathrm{N}} V} s + \frac{C_{\mathrm{r}}}{k_{\mathrm{N}}{}^2 l} + \frac{C_{\mathrm{f}}}{k_{\mathrm{N}}{}^2 l} \left(\frac{lC_{\mathrm{r}}}{V^2} - 1 \right) \right] r$$
$$\approx C_{\mathrm{f}} C_{\mathrm{r}} \left(\frac{V}{C_{\mathrm{r}}} s + 1 \right) \delta \tag{3.75}$$

ここで,C_{f} と C_{r} はそれぞれ前後輪の等価コーナリング係数,k_{N} はヨー慣性半径係数,V は車速,r はヨー角速度,δ は舵角,l はホイールベース,s は微分の記号である.この式を,つぎのように変形する.

$$\frac{r}{\delta} \approx \frac{C_{\mathrm{f}} C_{\mathrm{r}}}{k_{\mathrm{N}}{}^2 lV} \frac{\dfrac{V}{C_{\mathrm{r}}} s + 1}{s^2 + \dfrac{C_{\mathrm{f}} + C_{\mathrm{r}}}{k_{\mathrm{N}} V} s + \dfrac{C_{\mathrm{r}}}{k_{\mathrm{N}}{}^2 l} + \dfrac{C_{\mathrm{f}}}{k_{\mathrm{N}}{}^2 l} \left(\dfrac{lC_{\mathrm{r}}}{V^2} - 1 \right)} \tag{3.76}$$

つぎに

$$s = j\omega \tag{3.77}$$

を想定する．ここで，j は虚数単位であり，$j = \sqrt{-1}$ である（$\sin\omega t$ を 1 階微分するごとに「振幅が ω 倍」され「位相が $90°$ 進む」が，「振幅が ω 倍」されることが式 (3.77) 右辺の ω の意味であり，「位相が $90°$ 進む」ことが j の意味である）．式 (3.77) を式 (3.76) に代入すると，

$$\frac{r}{\delta} \approx \frac{C_\mathrm{f} C_\mathrm{r}}{k_\mathrm{N}{}^2 l V} \frac{\dfrac{V}{C_\mathrm{r}} j\omega + 1}{(j\omega)^2 + \dfrac{C_\mathrm{f} + C_\mathrm{r}}{k_\mathrm{N} V} j\omega + \dfrac{C_\mathrm{r}}{k_\mathrm{N}{}^2 l} + \dfrac{C_\mathrm{f}}{k_\mathrm{N}{}^2 l}\left(\dfrac{l C_\mathrm{r}}{V^2} - 1\right)} \tag{3.78}$$

となる．この式は

$$\frac{r}{\delta} \approx \frac{C_\mathrm{f} C_\mathrm{r} \left\{\dfrac{C_\mathrm{r}}{k_\mathrm{N}{}^2 l} + \dfrac{C_\mathrm{f}}{k_\mathrm{N}{}^2 l}\left(\dfrac{l C_\mathrm{r}}{V^2} - 1\right) - \omega^2 + \dfrac{C_\mathrm{f} + C_\mathrm{r}}{k_\mathrm{N} C_\mathrm{r}} \omega^2\right\}}{k_\mathrm{N}{}^2 l V \left\{\left[\dfrac{C_\mathrm{r}}{k_\mathrm{N}{}^2 l} + \dfrac{C_\mathrm{f}}{k_\mathrm{N}{}^2 l}\left(\dfrac{l C_\mathrm{r}}{V^2} - 1\right) - \omega^2\right]^2 + \left(\dfrac{C_\mathrm{f} + C_\mathrm{r}}{k_\mathrm{N} V} \omega\right)^2\right\}}$$

$$- j \frac{C_\mathrm{f} C_\mathrm{r} \left\{\dfrac{C_\mathrm{f} + C_\mathrm{r}}{k_\mathrm{N} V} \omega - \dfrac{V}{C_\mathrm{r}} \omega \left[\dfrac{C_\mathrm{r}}{k_\mathrm{N}{}^2 l} + \dfrac{C_\mathrm{f}}{k_\mathrm{N}{}^2 l}\left(\dfrac{l C_\mathrm{r}}{V^2} - 1\right) - \omega^2\right]\right\}}{k_\mathrm{N}{}^2 l V \left\{\left[\dfrac{C_\mathrm{r}}{k_\mathrm{N}{}^2 l} + \dfrac{C_\mathrm{f}}{k_\mathrm{N}{}^2 l}\left(\dfrac{l C_\mathrm{r}}{V^2} - 1\right) - \omega^2\right]^2 + \left(\dfrac{C_\mathrm{f} + C_\mathrm{r}}{k_\mathrm{N} V} \omega\right)^2\right\}} \tag{3.79}$$

と複素数形式に整理できる．この式をみやすくするために，実部を $G_\delta{}^r{}_\mathrm{Re}(\omega)$，虚部を $G_\delta{}^r{}_\mathrm{Im}(\omega)$ と記すと，この式は

$$\frac{r}{\delta} = G_\delta{}^r{}_\mathrm{Re}(\omega) + j G_\delta{}^r{}_\mathrm{Im}(\omega) \tag{3.80}$$

と書ける．この式の両辺に δ を掛けると，

$$r = G_\delta{}^r{}_\mathrm{Re}(\omega) \delta + j G_\delta{}^r{}_\mathrm{Im}(\omega) \delta \tag{3.81}$$

となる．この式の δ に式 (3.73) を代入すると，

$$r = G_\delta{}^r{}_\mathrm{Re}(\omega) \sin\omega t + G_\delta{}^r{}_\mathrm{Im}(\omega) j \sin\omega t \tag{3.82}$$

となる．この式は図 3.15(a) に示される複素平面上を角速度 ω で回転するベクトルを表す．この式の右辺第 1 項の意味は，回転ベクトルの縦軸成分の（j を省いた）値である．また，図 3.15(a) に示すように，複素平面では，ベクトルに j を掛けると，$90°$ 回転するから[†]，上式の右辺第 2 項の $j\sin\omega t$ は，第 1 項の $\sin\omega t$ よりも $90°$ 進んでい

---

† たとえば，実軸上の点 $1 + 0j$ に j を掛けると，$0 + j$ になる．この点は虚軸上にあるから，j を掛けることによって実軸上のベクトルが $90°$ 回転し，虚軸上に回転移動することになる．

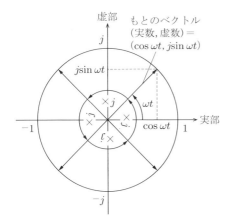
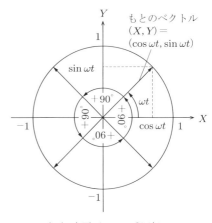

（a）複素平面での 90° 回転　　　　　（b）実平面での 90° 回転

図 3.15　単位円における 90° 回転

る．したがって，式 (3.82) が表すベクトルは図 (b) に示される実数の平面では，

$$r = G_\delta{}^r{}_{\mathrm{Re}}(\omega) \sin \omega t + G_\delta{}^r{}_{\mathrm{Im}}(\omega) \sin(\omega t + 90°) \tag{3.83}$$

となる．ここで，公式

$$\sin(\omega t + 90°) = \cos \omega t \tag{3.84}$$

を使うと，式 (3.83) は

$$r = G_\delta{}^r{}_{\mathrm{Re}}(\omega) \sin \omega t + G_\delta{}^r{}_{\mathrm{Im}}(\omega) \cos \omega t \tag{3.85}$$

と表される．この式の $\sin \omega t$ と $\cos \omega t$ を合成すると，

$$r = \sqrt{G_\delta{}^r{}_{\mathrm{Re}}(\omega)^2 + G_\delta{}^r{}_{\mathrm{Im}}(\omega)^2} \sin\left(\omega t + \tan^{-1} \frac{G_\delta{}^r{}_{\mathrm{Im}}(\omega)}{G_\delta{}^r{}_{\mathrm{Re}}(\omega)}\right) \tag{3.86}$$

となる．この式と式 (3.74) とを比較すると，

$$|G_\delta{}^r(\omega)| = \sqrt{G_\delta{}^r{}_{\mathrm{Re}}(\omega)^2 + G_\delta{}^r{}_{\mathrm{Im}}(\omega)^2} \tag{3.87}$$

$$\angle G_\delta{}^r(\omega) = \tan^{-1} \frac{G_\delta{}^r{}_{\mathrm{Im}}(\omega)}{G_\delta{}^r{}_{\mathrm{Re}}(\omega)} \tag{3.88}$$

となる．ここで，$G_\delta{}^r{}_{\mathrm{Re}}(\omega)$ と $G_\delta{}^r{}_{\mathrm{Im}}(\omega)$ は式 (3.79) と式 (3.80) との比較から，

$$G_\delta{}^r{}_{\mathrm{Re}}(\omega) = \frac{C_\mathrm{f} C_\mathrm{r} \left\{ \dfrac{C_\mathrm{r}}{k_\mathrm{N}{}^2 l} + \dfrac{C_\mathrm{f}}{k_\mathrm{N}{}^2 l}\left(\dfrac{l C_\mathrm{r}}{V^2} - 1\right) - \omega^2 + \dfrac{C_\mathrm{f} + C_\mathrm{r}}{k_\mathrm{N} C_\mathrm{r}} \omega^2 \right\}}{k_\mathrm{N}{}^2 l V \left\{ \left[\dfrac{C_\mathrm{r}}{k_\mathrm{N}{}^2 l} + \dfrac{C_\mathrm{f}}{k_\mathrm{N}{}^2 l}\left(\dfrac{l C_\mathrm{r}}{V^2} - 1\right) - \omega^2\right]^2 + \left(\dfrac{C_\mathrm{f} + C_\mathrm{r}}{k_\mathrm{N} V} \omega\right)^2 \right\}} \tag{3.89}$$

$$G_\delta{}^r{}_{\mathrm{Im}}(\omega) = -\frac{C_\mathrm{f} C_\mathrm{r} \left\{ \dfrac{C_\mathrm{f}+C_\mathrm{r}}{k_\mathrm{N} V}\omega - \dfrac{V}{C_\mathrm{r}}\omega \left[\dfrac{C_\mathrm{r}}{k_\mathrm{N}{}^2 l} + \dfrac{C_\mathrm{f}}{k_\mathrm{N}{}^2 l}\left(\dfrac{lC_\mathrm{r}}{V^2} - 1 \right) - \omega^2 \right] \right\}}{k_\mathrm{N}{}^2 lV \left\{ \left[\dfrac{C_\mathrm{r}}{k_\mathrm{N}{}^2 l} + \dfrac{C_\mathrm{f}}{k_\mathrm{N}{}^2 l}\left(\dfrac{lC_\mathrm{r}}{V^2} - 1 \right) - \omega^2 \right]^2 + \left(\dfrac{C_\mathrm{f}+C_\mathrm{r}}{k_\mathrm{N} V}\omega \right)^2 \right\}}$$
(3.90)

である．これらの式を式 (3.87), (3.88) に代入することによって式 (3.74) 中の $|G_\delta{}^r(\omega)|$ や $\angle G_\delta{}^r(\omega)$ を求めることができるのである．

3.3 タイヤの横変形を考慮したときのヨー共振

ここまで，コーナリングフォースはスリップ角に比例するとしてきた．しかし，実際のタイヤは，スリップ角が付加された後に遅れてコーナリングフォースが生じる．これは，タイヤが旋回時に横方向へ変形するためである．この節では，この遅れがヨー共振現象に及ぼす影響について述べる．

■3.3.1 コーナリングフォースの発生が遅れるしくみ

タイヤには弾性があるため，コーナリングフォース F に引っ張られて，タイヤは横方向に変形する．そのため，タイヤの接地面の軌跡とホイールの軌跡は異なる．タイヤのスリップ角 α_t は，ホイールの向きとホイールの進行方向との角度として定義される．一方，コーナリングフォース F は，接地面内のゴムの変形によって生じるため，**接地面のスリップ角** α_tc に比例する．もちろん，定常円旋回では α_t と α_tc は等しい．

しかし，α_t が変化するときは，$\alpha_\mathrm{t} \neq \alpha_\mathrm{tc}$ のため，F は α_t に比例しない．その例を図 3.16 に示す．この図は，直進するタイヤに時刻 $t=0$ で，一定の α_t をつけたときのホイールとタイヤの接地面の軌跡を示したものである．$t=\infty$ ではタイヤの横変位 y_c は一定のため，接地点の軌跡とホイールの軌跡は平行である．したがって，$\alpha_\mathrm{t} = \alpha_\mathrm{tc}$ である．そのため，F は α_t に比例するようにみえる．

一方，$t \approx 0$ の付近ではタイヤは F によって横方向に変形しつつある（$\dot{y}_\mathrm{c} \neq 0$）ため，接地点とホイールの軌跡は平行でない．そのため，$\alpha_\mathrm{t} \neq \alpha_\mathrm{tc}$ である．したがって，このとき F は α に比例しない．この現象を**コーナリングフォースの発生遅れ**とよぶ．

コーナリングフォースの発生遅れは式 (3.94) で表される．その導出過程を述べよう．まず，F は α_tc に比例するから，

$$F = -K_\mathrm{t} \alpha_\mathrm{tc} \tag{3.91}$$

と書ける．ここで，K_t はタイヤ単体のコーナリングパワである．つぎに，タイヤの横変形によるスリップ角変化は車速 V と $\dot{y}_\mathrm{c}$ との比だから，微分の記号を s とすれば，

3.3 タイヤの横変形を考慮したときのヨー共振 71

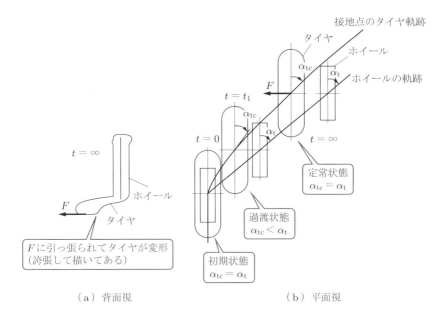

(a) 背面視 (b) 平面視

図 3.16 スリップ角が急に与えられたときのホイールと接地点の軌跡：過渡状態では接地点のスリップ角 α_{tc} は α_t よりも小さいので，その分コーナリングフォースも減少する．

α_{tc} は

$$\alpha_{tc} = \alpha_t + \frac{y_c s}{V} \tag{3.92}$$

と書ける．さらに，タイヤの横剛性を k_t と書けば，フックの法則から，

$$F = -k_t y_c \tag{3.93}$$

となる．なお，k_t の単位は N/m であり，その目安は $k_t \approx 150$ kN/m である．式 (3.91)〜(3.93) から y_c を消去することによって，

$$\frac{F}{\alpha_t} = -\frac{1}{1 + \dfrac{K_t}{k_t V} s} K_t \tag{3.94}$$

となるのである．この式の右辺の分数項の形式の式は **1 次遅れ系**とよばれ，s^1 の係数を**時定数**とよぶ．時定数の単位は s である．時定数が大きいほど応答が遅くなる．

ここで，1 次遅れ系の性質についてふれておく．最も簡単な 1 次遅れ系として，

$$\frac{y}{x} = \frac{1}{Ts + 1} \tag{3.95}$$

または

$$\dot{y} = -\frac{1}{T}y + \frac{1}{T}x \tag{3.96}$$

$$y = \int \dot{y}\mathrm{d}t \tag{3.97}$$

を想定する．式 (3.95) と式 (3.96), (3.97) とは同値であり, x は入力, y は出力, T は時定数である（ここでの x や y は車両の座標系とは関係ない）．初期条件がすべて 0 の状態から, この 1 次遅れ系の入力として, $t=0$ で $x=1$ を入力したときの y の応答を図 3.17 に示す．

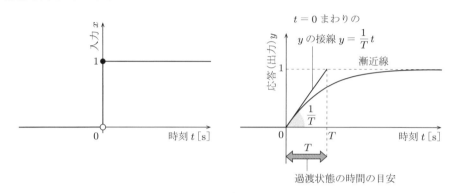

図 3.17　1 次遅れ系：時定数 T の逆数 $1/T$ が立ち上がりの傾きを表すので, T が大きいほど応答が遅い．

つぎに, 時定数の意味について述べる．式 (3.97) から, $\dot{y}$ が生じた後で y が生じる．したがって, $t=0$ のとき $y=0$ だから, $t=0$ では,

$$\dot{y} = \frac{1}{T}x \tag{3.98}$$

となる．一方, $t=0$ のとき $x=1$ だから,

$$\dot{y} = \frac{1}{T} \tag{3.99}$$

となる．ここで, $\dot{y} = \mathrm{d}y/\mathrm{d}t$ であるから, $t=0$ では,

$$\frac{\mathrm{d}y}{\mathrm{d}t} = \frac{1}{T} \tag{3.100}$$

と書ける．この式の左辺は横軸 t, 縦軸 y の図上での勾配を表すので, $t=0$ のときの y の時系列波形の傾きが $1/T$ になる．したがって, $t=0$ のまわりで y を直線近似すると,

$$y = \frac{1}{T}t \tag{3.101}$$

となる．また, 式 (3.96) から $\dot{y}=0$ のとき $y=x$ になるから, y は 1 に漸近する．よって, y の漸近線

$$y = 1 \tag{3.102}$$

と式 (3.101) の直線との交点の t は

$$t - T \tag{3.103}$$

になる．したがって，T は過度状態が終わる時刻の目安を表すので，T が大きいほど応答が遅い．このように，式 (3.94) の時定数 $K_\mathrm{t}/(k_\mathrm{t}V)$ は α_t が車輪に生じてから，F が生じるまでの遅れ時間の目安である．

以上，タイヤ単体のコーナリングパワ K_t を使って 1 次遅れ系を説明してきたが，切れ角変化を加味した場合は，K_t を等価コーナリングパワ K に，タイヤのスリップ角 α_t を見かけのスリップ角 α に置き換えればよい．したがって，式 (3.94) から

$$\frac{F}{\alpha} = -\frac{1}{1 + \dfrac{K}{k_\mathrm{t}V}s} K \tag{3.104}$$

となる．

■ 3.3.2 時定数を加味したヨー共振現象

式 (3.104) の右辺を運動方程式の K と置き換えると，特性方程式は s の 4 次式になるため，ヨー固有振動数が定式化できない．そこで，$s \approx 0$ とみなして，式 (3.104) を

$$\frac{F}{\alpha} \approx -\left(1 - \frac{K}{k_\mathrm{t}V}s\right) K \tag{3.105}$$

と近似する．この形式の F/α を**複素コーナリングパワ**とよぶ．前後輪のコーナリングフォースを表す式 (1.61), (1.62) における K を複素コーナリングパワに置き換えると，

$$2F_\mathrm{f} = -\left(1 - \frac{K_\mathrm{f}}{k_\mathrm{tf}V}s\right) C_\mathrm{f} m_\mathrm{f} \left(\beta + \frac{l_\mathrm{f}}{V}r - \delta\right) \tag{3.106}$$

$$2F_\mathrm{r} = -\left(1 - \frac{K_\mathrm{r}}{k_\mathrm{tr}V}s\right) C_\mathrm{r} m_\mathrm{r} \left(\beta - \frac{l_\mathrm{r}}{V}r\right) \tag{3.107}$$

となる．ここで，β は重心位置車体横滑り角であり，r はヨー角速度，V は車速，C_f と C_r は前後輪の等価コーナリング係数，δ は舵角，l_f は前輪〜重心間距離，l_r は重心〜後輪間距離，k_tf は前輪タイヤの横剛性，k_tr は後輪タイヤの横剛性，m_f は前輪が負担する車両質量，m_r は後輪が負担する車両質量である．

これらの式を，運動方程式である式 (1.59), (1.60) に代入して，その特性方程式を求め，さらに式 (3.15) と比較することによって，

$$\omega_\mathrm{n} = \sqrt{1 + \frac{m_\mathrm{f}}{2k_\mathrm{tf}} \cdot \frac{C_\mathrm{f}^2}{k_\mathrm{N}V^2} + \frac{m_\mathrm{r}}{2k_\mathrm{tr}} \cdot \frac{C_\mathrm{r}^2}{k_\mathrm{N}V^2}} \sqrt{\frac{C_\mathrm{r}}{k_\mathrm{N}^2 l} + \frac{C_\mathrm{f}}{k_\mathrm{N}^2 l}\left(\frac{lC_\mathrm{r}}{V^2} - 1\right)} \tag{3.108}$$

$$\zeta\omega_{\mathrm{n}} \approx \frac{C_{\mathrm{f}}+C_{\mathrm{r}}}{2k_{\mathrm{N}}V} + \frac{\left(\frac{1}{l}+\frac{C_{\mathrm{f}}}{V^2}\right)\frac{m_{\mathrm{f}}}{2k_{\mathrm{tf}}}{C_{\mathrm{f}}}^2 - \left(\frac{1}{l}-\frac{C_{\mathrm{r}}}{V^2}\right)\frac{m_{\mathrm{r}}}{2k_{\mathrm{tr}}}{C_{\mathrm{r}}}^2}{2{k_{\mathrm{N}}}^2 V} \quad (3.109)$$

の関係が得られるのである．ここで，ω_{n} はヨー固有振動数，ζ はヨー減衰比であり，l はホイールベース，k_{N} はヨー慣性半径係数である．したがって，k_{tr} が大きいほど，速応性 $\zeta\omega_{\mathrm{n}}$ が増加するのである．これがこの節の結論である．なお，$V=\sqrt{lC_{\mathrm{r}}}$ のとき，k_{tf} は $\zeta\omega_{\mathrm{n}}$ に影響しない．これ以外の車速についても，式 (3.17) の k_{tf} の係数の ( ) 内は，k_{tr} の係数の ( ) 内よりも小さく，さらに，US であれば $C_{\mathrm{f}} < C_{\mathrm{r}}$ だから，k_{tf} は k_{tr} ほどには $\zeta\omega_{\mathrm{n}}$ に影響しない．また，k_{tf} や k_{tr} が大きいほど ω_{n} は減少するが，その減少量は $1/V^2$ に比例するため，V が大きいほど減少量が減る．

3.4 後輪等価コーナリング係数と前輪等価コーナリング係数との関係

後輪等価コーナリング係数 C_{r} が大きいほど，固有振動数 ω_{n}，速応性 $\zeta\omega_{\mathrm{n}}$ が増加する．したがって，各種性能を向上させるためには，まず，C_{r} をできるだけ大きくすることが重要である．一方，前輪等価コーナリング係数 C_{f} を大きくするほど，$\zeta\omega_{\mathrm{n}}$ が増加する．両者の関係を図 3.18 に示す．

また，タイヤの横剛性 k_{t} を大きくするほど，$\zeta\omega_{\mathrm{n}}$ が増加する．

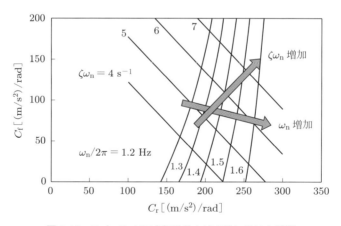

図 3.18 C_{f} と C_{r} が固有振動数や速応性に及ぼす影響

第4章
旋回の限界

車両が旋回できる上限付近の性能を**限界性能**とよぶ．限界性能には，急カーブを曲がりきる性能（限界の高さ），スピンのしにくさ，転覆のしにくさの三つがある．この章では，まずタイヤの摩擦係数について述べ，つぎに旋回の限界の高さやスピンのしやすさについて解説し，さらにsin波で操舵したときの限界について説明し，最後に転覆について述べる．

4.1　タイヤの摩擦係数

この節では，タイヤと路面との摩擦係数の前後差をサスペンションのばねによって設定できることを述べる．

4.1.1　4輪の垂直荷重

定常円旋回しているときの正面図を図4.1に示す．前後輪のコーナリングフォース $2F_\mathrm{f}$ と $2F_\mathrm{r}$ は，重心から重心高 h だけ離れたところにはたらくから，x 軸まわりの

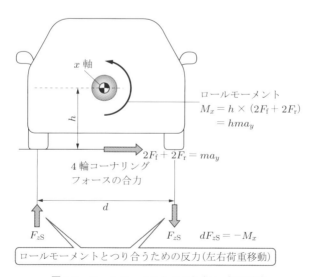

図4.1　ロールモーメントのつり合い（正面視）

モーメントが生じる．このモーメントを**ロールモーメント**とよび，M_x と記す．M_x の単位は Nm である．車両質量を m，横加速度を a_y とすると，4輪のコーナリングフォースの合計は

$$2F_\mathrm{f} + 2F_\mathrm{r} = ma_y \tag{1.58：再}$$

だから，ロールモーメント M_x は

$$M_x = h(2F_\mathrm{f} + 2F_\mathrm{r}) = hma_y \tag{4.1}$$

である．

M_x を支えるための反モーメントとして，旋回外輪のタイヤの路面反力が増え，旋回内輪の路面反力が減る．これを**左右荷重移動**とよぶ．左右荷重移動量を $F_{z\mathrm{S}}$ と記すと，ロールモーメントのつり合い条件は

$$M_x = \frac{d}{2}F_{z\mathrm{S}} - \frac{d}{2}(-F_{z\mathrm{S}}) \tag{4.2}$$

である．ここで，d はトレッドである．よって，$F_{z\mathrm{S}}$ は

$$F_{z\mathrm{S}} = \frac{h}{d}ma_y \tag{4.3}$$

となる．

$F_{z\mathrm{S}}$ は前輪と後輪に生じる．図 4.2 に示すように，前輪の荷重移動量を $F_{z\mathrm{Sf}}$，後輪の荷重移動量を $F_{z\mathrm{Sr}}$ と記す．これらの和は，もちろん

$$F_{z\mathrm{S}} = F_{z\mathrm{Sf}} + F_{z\mathrm{Sr}} \tag{4.4}$$

である．$F_{z\mathrm{S}}$ における $F_{z\mathrm{Sf}}$ の割合を表す指標として，**前輪荷重移動配分比** q を，つぎのように定義する．

$$q = \frac{F_{z\mathrm{Sf}}}{F_{z\mathrm{S}}} \tag{4.5}$$

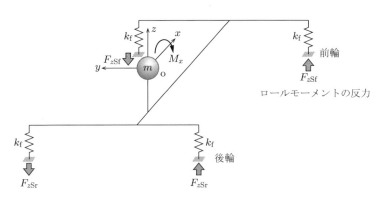

図 4.2　荷重移動とロール剛性

q は，図 4.2 中の前輪と後輪それぞれのサスペンション等価ばね定数†k_f と k_r の影響を受ける．k_f と k_r の合計による x 軸まわりの回転ばね定数を**全ロール剛性**とよび，単位は Nm/rad である．全ロール剛性における k_f の割合

$$\frac{k_\mathrm{f}}{k_\mathrm{f}+k_\mathrm{r}}$$

を**前輪ロール剛性配分比**とよぶ．前輪ロール剛性配分比が大きいほど，前輪荷重移動配分比 q も大きくなる．ただし，前内輪の接地荷重が 0 のときは，前輪ロール剛性配分比を増やしても q は増えない．なお，q はサスペンションのリンクの影響も受けるが，本書では無視する．

■ **4.1.2　コーナリングフォースの最大値**

荷重移動量とコーナリングフォースの関係について述べる．図 1.16 に示したように，コーナリングフォースには上限がある．この最大値を**最大コーナリングフォース**とよび，F_max と記す．F_max とタイヤの垂直荷重との関係を図 4.3 に示す．垂直荷重が増えるほど F_max も増えるが，その増え方は頭打ちになる．そのため，左右荷重移動量が大きいほど，内外輪の F_max の平均値は減る．なお，本書では，前後輪に同一タイヤを装着することを想定する．

つぎに，前輪について述べる．前輪の内外輪のコーナリングフォースの最大値の和を単に**前輪最大コーナリングフォース**とよび，

$$\mu_\mathrm{f} m_\mathrm{f} g$$

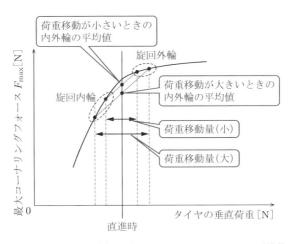

図 4.3　荷重移動による内外輪の最大コーナリングフォースの平均値の低下

---

† このばね定数にはスタビライザのばね定数も含む．

と記す．ここで，μ_f は前輪の等価摩擦係数である．なお，m_f は前輪が負担する質量，g は重力加速度であり，$m_f g$ は前輪の垂直荷重を表す．

後輪についても同様に，後輪の内外輪のコーナリングフォースの最大値の和を**後輪最大コーナリングフォース**とよび，

$$\mu_r m_r g$$

と記す．μ_r は後輪の等価摩擦係数であり，m_r は後輪が負担する質量である．

以上のことから，μ_f と μ_r の大小関係は q によって設定でき，結論を先に述べると，

$$\mu_f < \mu_r \tag{4.6}$$

となるように設定される．この理由は次節で述べる．

上式の関係を，等価コーナリング係数を表す図 1.22 に加味したものを図 4.4 に示す．この図を**等価コーナリング特性**とよぶ．

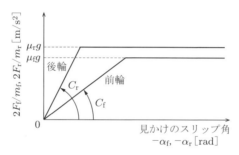

図 4.4 限界性能を考えるための等価コーナリング特性

4.2 定常円旋回の限界性能

この節では，定常旋回における旋回限界の高さやスピンのしやすさについて述べる．

■ 4.2.1 旋回限界の高さ

図 4.4 に示す等価コーナリング特性の車両が旋回半径 R 一定で定常円旋回をする場面を考えよう．停止状態から車速 V を徐々に増やすと，横加速度 a_y も徐々に増加する．そして，a_y が $\mu_f g$（μ_f は前輪の等価摩擦係数，g は重力加速度）に達すると，前輪のコーナリングフォースも，前輪最大コーナリングフォース $\mu_f m_f g$（m_f は前輪が負担する質量）に達するので，それ以上の a_y では定常円旋回できない．このように，定常円旋回できる最大の a_y を**最大横加速度**とよび，$a_{y\max}$ と記す．図 4.4 では $\mu_f g < \mu_r g$ であるが，もし $\mu_f g > \mu_r g$ ならば，$\mu_r g$ が最大横加速度になる．すなわち，

$$a_{y\max} = \mu_f g \quad (\mu_f < \mu_r \text{ のとき}) \tag{4.7}$$

$$a_{y\max} = \mu_r g \quad (\mu_f > \mu_r \text{ のとき}) \tag{4.8}$$

となる．

つぎに，前後輪とも最大コーナリングフォースを同じ側（たとえば，前後輪とも左向き）に発生しているときの横加速度を**過渡最大横加速度**とよび，$a_{y\max T}$ と記すと，

$$a_{y\max T} = \frac{\mu_f m_f + \mu_r m_r}{m} g \tag{4.9}$$

となる[21]．$\mu_f \neq \mu_r$ のとき，$a_{y\max T} > a_{y\max}$ だから，横加速度 $a_{y\max T}$ で定常円旋回することはできない．

■ 4.2.2 スピンのしにくさ

この項では，$a_{y\max}$ で旋回しているときの潜在的な性質について述べる．

まず，$\mu_r > \mu_f$ の場合について考えよう．この場合の最大横加速度 $\mu_f g$ の旋回において，図 4.5 に示すように，前後輪の見かけのスリップ角 α_f と α_r が増加する向きに重心位置車体横滑り角 $\Delta\beta$ の外乱が加わったとする．前輪は α_f が増えてもコーナリングフォース $2F_f$ は増えないが，後輪は α_r が増えるとコーナリングフォース $2F_r$ が増える．この $2F_r$ の増加分によって，外乱 $\Delta\beta$ を打ち消す側に z 軸まわりのモーメント（ヨーモーメント）が生じるので，車両はもとの旋回に戻ろうとする．これが顕在化した現象を**プラウ**とよび，プラウを生じることができる潜在的な性質（$\mu_f < \mu_r$）を**最終プラウ**とよぶ．図 2.8 に示したように，もとの状態に戻ろうとする性質を**安定**とよぶので，最終プラウならば最大横加速度の定常円旋回において安定である．

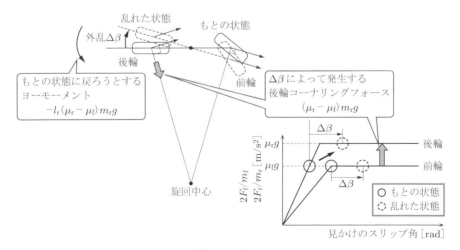

図 4.5 プラウ

つぎに，$\mu_r < \mu_f$ の場合について考えよう．図 4.6 に示すように，この場合の最大横加速度 $\mu_r g$ の旋回において，α_f や α_r が増加する側に $\Delta\beta$ の外乱が加わったとすると，$2F_f$ だけが増える．この $2F_f$ の増加分によって，$\Delta\beta$ の外乱を助長する側にヨーモーメントが生じるので，α_f や α_r が増加し，車両はますます内側に向く．これが顕在化した現象を**スピン**，スピンを生じることができる潜在的な性質（$\mu_f > \mu_r$）を**最終スピン**とよぶ．もとの状態から遠ざかろうとする性質を**不安定**とよぶので，最終スピンならば最大横加速度の旋回において不安定である．

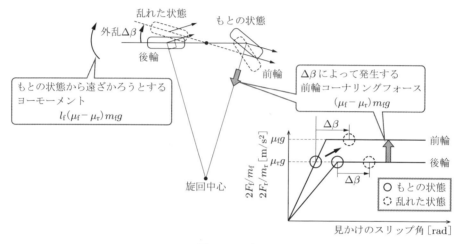

図 4.6　スピン

そのため，最終スピンの車両では，スピン状態から定常円旋回に戻すための操舵をドライバが行う必要がある．一方，最終プラウの車両は，ドライバが操舵しなくても，プラウ状態から定常円旋回に戻るので，望ましい．これが，式 (4.6) のように μ_f と μ_r を設定する理由なのである．

つぎに，最終プラウの程度を表す指標について述べる．後輪の最大コーナリングフォースは $\mu_r m_r g$ である．一方，最終プラウ車両では $a_{y\max} = \mu_f g$ だから，この旋回で後輪が発生するコーナリングフォースは $\mu_f m_r g$ である．したがって，$a_{y\max}$ の旋回における後輪のコーナリングフォースの**余力**は

$$\mu_r m_r g - \mu_f m_r g = (\mu_r - \mu_f) m_r g \tag{4.10}$$

だから，余力がすべて生じたときにはたらくヨーモーメントの最大値は $l_r(\mu_r - \mu_f) m_r g$ である．したがって，最終プラウの車両がもとの状態（最大横加速度での定常円旋回）に戻ろうとする最大のヨー角加速度を $\dot{r}_{\text{plow}}$ 記すと，

$$\dot{r}_{\text{plow}} = \frac{l_r(\mu_r - \mu_f)m_r g}{I_z} = \frac{l_r(\mu_r - \mu_f)\dfrac{l_f}{l}mg}{k_N{}^2 l_f l_r m}$$
$$= \frac{(\mu_r - \mu_f)g}{k_N{}^2 l} = \left(\frac{\mu_r}{\mu_f} - 1\right)\frac{a_{y\max}}{k_N{}^2 l} \tag{4.11}$$

となる.図 4.7 に $\dot{r}_{\text{plow}}$ と $a_{y\max}$ の計算例を示す.$a_{y\max}$ が指定されている場合,μ_r/μ_f が大きく,$k_N{}^2 l$ が小さいほど $\dot{r}_{\text{plow}}$ が大きくなる.また,前述のように,μ_f や μ_r はおもに q によって設定する[†].

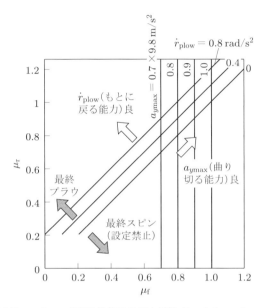

図 4.7 μ_f と μ_r が限界性能に及ぼす影響($l = 2.5$ m, $k_N = 1$)

なお,モータースポーツの世界では,プラウ現象のことを US,スピン現象のことを OS とよぶことがあるが,それは不正確である.限界時の性質とステア特性との関係を図 4.8 に示す.この図から,プラウ現象が発生するとき $|\alpha_f| > |\alpha_r|$ であり,このとき 2.4 節の最後で述べたようにスタビリティファクタ A は正である.一方,スピン現象が発生するとき $|\alpha_f| < |\alpha_r|$ であり,このとき A は負である.しかし,スピンやプラウは,ステア特性の原義である舵角の過不足とは無関係である.

[†] 前輪駆動車の場合,荷重移動配分を前輪よりにし過ぎると,内輪の接地荷重が抜け,加速時に内輪が空転するので注意が必要である.

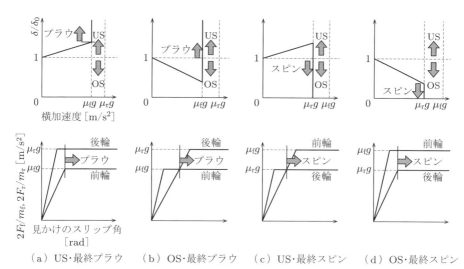

（a）US・最終プラウ　　（b）OS・最終プラウ　　（c）US・最終スピン　　（d）OS・最終スピン

図 4.8　プラウ/スピンと US/OS との関係

4.3　sin 波で操舵したときの限界性能

障害物を突然発見したときなどは，急操舵せざるを得ないことがある．急操舵をすると，最終プラウの車両でもスピンすることがある．あらゆる波形は，sin 波の組合せで表現できるので，この節では，急操舵の代わりに sin 波で操舵したときの限界性能について述べる．

■4.3.1　コーナリングフォースの前後バランス

周波数 ω 一定の sin 波の操舵を考えよう．この振幅を徐々に増やしていくと，横加速度 a_y も徐々に増えていき，前後輪のどちらかが先に（より小さい a_y で）コーナリングフォースの最大値を発生するはずである．後輪よりも前輪が，より小さい a_y で最大コーナリングフォースを生じることを**前輪横力飽和**とよび，逆に，前輪よりも後輪が，より小さい a_y で最大コーナリングフォースを生じることを**後輪横力飽和**とよぶ．前輪横力飽和か後輪横力飽和かの判定をさまざまな車速 V と角周波数 ω で行い，「横軸：V，縦軸：ω」の図上に表示した例を図 4.9 に示す．この図に示されるように，最終プラウ（$\mu_\mathrm{f} < \mu_\mathrm{r}$）の車両でも後輪横力飽和する領域がある．そこで，後輪横力飽和の起こりにくさの指標として，後輪横力飽和が発生する最低車速（**後輪横力飽和最低車速**）V_s を使う．

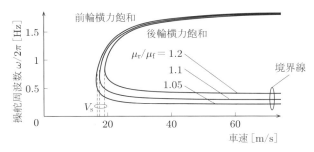

図 4.9 横力飽和 ($C_r = 200$ (m/s^2)/rad, $l = 2.5$ m, $\mu_r > \mu_f$, $l_f = l_r$, $k_N = 1$)

■ 4.3.2 車両の動き方

この項では，後輪横力飽和の本質を見通すため，表 4.1 の場合の後輪横力飽和の発生条件について述べる．この場合の横力飽和の計算例を図 4.10 に示す．この図には，前後輪の軌跡も示してある．後輪横力飽和の領域では，前輪の振幅よりも後輪の振幅が大きい**尻振りモード**に，前輪横力飽和の領域ではその逆の**頭振りモード**に対応する．

表 4.1 4.3.2, 4.3.3 項で想定する条件

物理量	条件
等価摩擦係数	$\mu_f = \mu_r = \mu$
車輪の負担する質量	$m_f = m_r = m/2$ ($l_f = l_r = l/2$)
ヨー慣性半径係数	$k_N = 1$

そこで，尻振りモードと後輪横力飽和との関係について述べる．前後輪それぞれのコーナリングフォース $2F_f$ と $2F_r$ を $m_f = m_r = m/2$ で割った値が，前後輪それぞれの横加速度になり，その 2 階積分，すなわち，横加速度を ω^2 で割った値が前後輪の軌跡の振幅になる．そのため，$|2F_f| < |2F_r|$ の領域では後輪の振幅が前輪よりも大きくなり，$|2F_f| > |2F_r|$ の領域では頭振りモードになるのである．

つぎに，図 4.10 の計算法を述べる（結論から知りたい方は，式 (4.30) にとんで頂きたい）．まず，境界線上では，前輪横力飽和かつ後輪横力飽和するから，前後輪とも最大コーナリングフォースを発生する．ここで，表 4.1 の条件を想定しているから，前後輪の最大コーナリングフォースは，ともに等しく，$\mu(m/2)g$ である．よって，境界線上では，前輪も後輪も同じ大きさのコーナリングフォースを発生する．したがって，境界線を求めるには，$|2F_f| = |2F_r|$ となる条件を求めればよい．そこで，この条件式を

$$\frac{|2F_r|}{|2F_f|} = 1 \tag{4.12}$$

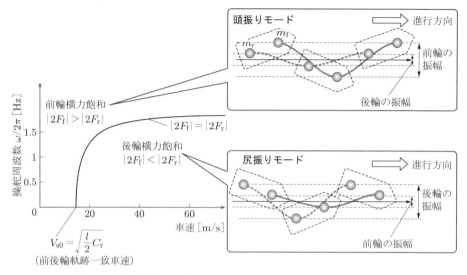

図 4.10　表 4.1 の場合の横力飽和（$C_r = 200\ (\mathrm{m/s^2})/\mathrm{rad}$, $l = 2.5$ m, $\mu_r = \mu_r$, $l_f = l_r$, $k_N = 1$）

と変形し，この式の左辺を「$2F_f$ を入力したときの出力が $2F_r$ である」と解釈する．そこで，操舵は，δ ではなくて $2F_f$ によって行われると考える[57]．$2F_f$ による操舵の直観的なイメージは，図 4.11 に示すように，リヤカー（車両）の取っ手（前輪位置）に力を加えて操縦することである．このように，$2F_f$ によって操舵する場合の車両モデルを**リヤカーモデル**とよぶ．このモデルでは，$2F_f$ を車両に直接加えることで旋回する．リヤカーモデルを図 4.12 に示す．

リヤカーモデルの運動方程式を導こう．ただし，しばらくの間は，$m_f = m_r$ の制約

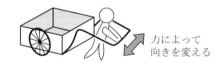

図 4.11　リヤカーの操縦方法

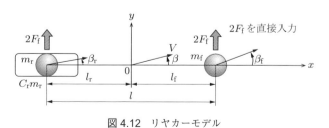

図 4.12　リヤカーモデル

をつけない．まず，δ で操舵する平面 2 自由度モデルの運動方程式は

$$mV(r + \dot{\beta}) \approx 2F_{\mathrm{f}} + 2F_{\mathrm{r}} \tag{1.59：再}$$

$$I_z \dot{r} = 2l_{\mathrm{f}} F_{\mathrm{f}} - 2l_{\mathrm{r}} F_{\mathrm{r}} \tag{1.60：再}$$

であった．ここで，r はヨー角速度を表し，β は重心位置の車体横滑り角を，δ は舵角を，m は車両質量を，I_z はヨー慣性モーメントを，l_{f} は前輪〜重心間距離を，l_{r} は重心〜後輪間距離を表す．また，$2F_{\mathrm{r}}$ は，図 4.4 の斜め線上だけで発生すると仮定すると，式 (1.38)，(1.57) から，

$$2F_{\mathrm{r}} = -C_{\mathrm{r}} m_{\mathrm{r}} \beta_{\mathrm{r}} \tag{4.13}$$

と表せる．ここで，C_{r} は後輪等価コーナリング係数を，β_{r} は後輪位置車体横滑り角を表す．この式を式 (1.59)，(1.60) に代入すると，

$$mV(r + \dot{\beta}) = -C_{\mathrm{r}} m_{\mathrm{r}} \beta_{\mathrm{r}} + 2F_{\mathrm{f}} \tag{4.14}$$

$$I_z \dot{r} = l_{\mathrm{r}} C_{\mathrm{r}} m_{\mathrm{r}} \beta_{\mathrm{r}} + 2l_{\mathrm{f}} F_{\mathrm{f}} \tag{4.15}$$

となる．これらが，リヤカーモデルの運動方程式である．

これらの式から，式 (4.12) を満たす条件を求めるために，まず $2F_{\mathrm{r}}/2F_{\mathrm{f}}$ を求めよう（結論から知りたい方は，式 (4.24) にとんでほしい）．まず，上式から β を消去する．β と β_{r} には，

$$\beta_{\mathrm{r}} = \beta - \frac{l_{\mathrm{r}}}{V} r \tag{1.57：再}$$

の関係があったから，この式を変形すると，

$$\beta = \beta_{\mathrm{r}} + \frac{l_{\mathrm{r}}}{V} r \tag{4.16}$$

となる．この式を微分すると，

$$\dot{\beta} = \dot{\beta}_{\mathrm{r}} + \frac{l_{\mathrm{r}}}{V} \dot{r} \tag{4.17}$$

となる．この式を式 (4.14) の左辺に代入すると，

$$mV \left(r + \dot{\beta}_{\mathrm{r}} + \frac{l_{\mathrm{r}}}{V} \dot{r} \right) = -C_{\mathrm{r}} m_{\mathrm{r}} \beta_{\mathrm{r}} + 2F_{\mathrm{f}} \tag{4.18}$$

となる．また，$k_{\mathrm{N}} = 1$ を仮定して，$I_z = l_{\mathrm{f}} l_{\mathrm{r}} m$ を式 (4.15) に代入すると，

$$l_{\mathrm{f}} l_{\mathrm{r}} m \dot{r} = l_{\mathrm{r}} C_{\mathrm{r}} m_{\mathrm{r}} \beta_{\mathrm{r}} + 2l_{\mathrm{f}} F_{\mathrm{f}} \tag{4.19}$$

となる．つぎに，式 (4.18)，(4.19) の微分を，式 (3.77) と同様に微分の記号 $j\omega$（j は虚数単位）を使って表すと，

$$\frac{\mathrm{d}}{\mathrm{d}t} = j\omega \tag{4.20}$$

となるから，式 (4.18)，(4.19) はそれぞれ

$$mV\left(r + j\omega\beta_\mathrm{r} + \frac{l_\mathrm{r}}{V}j\omega r\right) = -C_\mathrm{r} m_\mathrm{r} \beta_\mathrm{r} + 2F_\mathrm{f} \tag{4.21}$$

$$l_\mathrm{f} l_\mathrm{r} m j\omega r = l_\mathrm{r} C_\mathrm{r} m_\mathrm{r} \beta_\mathrm{r} + 2l_\mathrm{f} F_\mathrm{f} \tag{4.22}$$

となる．これらの式を β_r について解くと，

$$\frac{\beta_\mathrm{r}}{2F_\mathrm{f}} = -\frac{l_\mathrm{f}}{l_\mathrm{r}} \cdot \frac{1}{m_\mathrm{r} C_\mathrm{r}} \cdot \frac{1}{\frac{l}{C_\mathrm{r}}(j\omega)^2 + \frac{l}{V}j\omega + 1} \tag{4.23}$$

となる．この式の両辺に $-m_\mathrm{r} C_\mathrm{r}$ を掛けると，式 (4.13) から，

$$\frac{2F_\mathrm{r}}{2F_\mathrm{f}} = \frac{l_\mathrm{f}}{l_\mathrm{r}} \cdot \frac{1}{\frac{l}{C_\mathrm{r}}(j\omega)^2 + \frac{l}{V}j\omega + 1} \tag{4.24}$$

となり，$2F_\mathrm{r}/2F_\mathrm{f}$ が求められた．

つぎに，この式を使って，図 4.10 の境界線である $|2F_\mathrm{r}/2F_\mathrm{f}| = 1$ となる ω を求めよう．ただし，$l_\mathrm{f} = l_\mathrm{r}$（$m_\mathrm{f} = m_\mathrm{r}$）とする（結論から知りたい方は，式 (4.30) にとんでほしい）．まず，式 (4.24) の逆数の絶対値をとると，

$$\left|\frac{2F_\mathrm{f}}{2F_\mathrm{r}}\right| = \left|\frac{l}{C_\mathrm{r}}(j\omega)^2 + \frac{l}{V}j\omega + 1\right| \tag{4.25}$$

となる．この式の右辺の絶対値の中を，実部と虚部に分けると，

$$\left|\frac{2F_\mathrm{f}}{2F_\mathrm{r}}\right| = \left|\left(-\frac{l}{C_\mathrm{r}}\omega^2 + 1\right) + \left(\frac{l}{V}\omega\right)j\right| \tag{4.26}$$

となる．複素数の絶対値は，実部の 2 乗と虚部の 2 乗の和の平方根であるから，上式の両辺の 2 乗は，つぎの式で表される．

$$\left|\frac{2F_\mathrm{f}}{2F_\mathrm{r}}\right|^2 = \left(-\frac{l}{C_\mathrm{r}}\omega^2 + 1\right)^2 + \left(\frac{l}{V}\omega\right)^2 \tag{4.27}$$

ここで，$|2F_\mathrm{r}/2F_\mathrm{f}| = 1$ となる条件を求めるために，上式の左辺に 1 を代入すると，

$$1 = \left(-\frac{l}{C_\mathrm{r}}\omega^2 + 1\right)^2 + \left(\frac{l}{V}\omega\right)^2 \tag{4.28}$$

となる．この式を展開し，ω^2 について整理すると，

$$\omega^2\left(\frac{l}{C_\mathrm{r}^2}\omega^2 - \frac{2}{C_\mathrm{r}} + \frac{l}{V^2}\right) = 0 \tag{4.29}$$

となる．この式の一組の解は $\omega = \pm 0$（定常円旋回）であり，もう一組は

$$\omega = \pm\sqrt{\frac{C_\mathrm{r}}{(l/2)}\left(1 - \frac{(l/2)C_\mathrm{r}}{V^2}\right)} \tag{4.30}$$

4.3.3 後輪最大コーナリングフォースが生じ得る最低車速

図4.10から，後輪横力飽和最低車速 V_s では $\omega = 0$ だから，このとき式(4.30)の右辺は0になる．したがって，このとき

$$1 - \frac{\frac{l}{2}C_r}{V_s^2} = 0 \tag{4.31}$$

が成り立つ必要がある．この式が成立するときの V_s を V_{s0} と記すと，V_{s0} は

$$V_{s0} = \sqrt{\frac{l}{2}C_r} \tag{4.32}$$

となる．この V_{s0} が表4.1の場合の後輪横力飽和最低車速である．

つぎに，V_{s0} の基本的性質について述べる．図2.2に示したように後輪から x_r 前方にある点の横滑り角 β_{x_r} が0になる速度を $V_{\beta_{x_r}=0}$ と記すと，

$$V_{\beta_{x_r}=0} = \sqrt{x_r C_r} \tag{2.26：再}$$

であったから，式(2.26)と式(4.32)とを比較すると，V_{s0} は $x_r = l/2$ の位置，すなわち，ホイールベースの中点の横滑り角が0になる V である．ホイールベースの中点の横滑り角が0の定常円旋回では，図4.13(b)に示すように前後輪の軌跡が一致する．そこで，V_{s0} を本書では**前後輪軌跡一致車速**と記す．図(a)に示すように，後輪よりも前輪の軌跡が外側にある（大回りする）ことは，$\omega = 0$ での頭振りモードを，この逆の図(c)は尻振りモードを意味するから，図(b)の旋回は，定常円旋回における頭振りモードと尻振りモードとの境界を意味する．このように，前後輪軌跡一致車速が，表4.1の場合の後輪横力飽和最低車速になるのである．

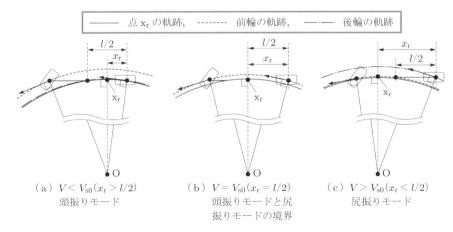

（a）$V < V_{s0}(x_r > l/2)$
頭振りモード

（b）$V = V_{s0}(x_r = l/2)$
頭振りモードと尻振りモードの境界

（c）$V > V_{s0}(x_r < l/2)$
尻振りモード

図4.13 前後輪の軌跡と車速との関係

■ 4.3.4 一般的な場合の最低車速

この項では，図 4.9 の後輪横力飽和最低車速を求める．そのため，表 4.1 から $\mu_\mathrm{f} = \mu_\mathrm{r}$ や $m_\mathrm{f} = m_\mathrm{r}$ の限定を外し，表 4.2 の条件を想定する．

表 4.2　4.3.4 項で想定する条件

物理量	条件
摩擦係数	$\mu_\mathrm{f} < \mu_\mathrm{r}$
車輪の負担する質量	$m_\mathrm{f} \neq m_\mathrm{r}$ $(l_\mathrm{f} \neq l_\mathrm{r})$
ヨー慣性半径係数	$k_\mathrm{N} = 1$

尻振りモードに注目するために前後輪の軌跡の振幅を比較する．前後輪の軌跡の振幅の比は，前後輪それぞれの位置の横加速度の振幅比と同じである．ここで，前輪位置の横加速度は $2F_\mathrm{f}/m_\mathrm{f}$ であり，後輪位置の横加速度は $2F_\mathrm{r}/m_\mathrm{r}$ だから，前後輪の横加速度の振幅比は $(2F_\mathrm{r}/m_\mathrm{r})/(2F_\mathrm{f}/m_\mathrm{f})$ である．そこで，式 (4.21), (4.22) を解き，$(2F_\mathrm{r}/m_\mathrm{r})/(2F_\mathrm{f}/m_\mathrm{f})$ を求めると，

$$\frac{\left(\dfrac{2F_\mathrm{r}}{m_\mathrm{r}}\right)}{\left(\dfrac{2F_\mathrm{f}}{m_\mathrm{f}}\right)} = \frac{1}{\dfrac{l}{C_\mathrm{r}}(j\omega)^2 + \dfrac{l}{V}j\omega + 1} \tag{4.33}$$

となる．

この式を使って図 4.9 の境界線の ω を求めよう（結論から知りたい方は，式 (4.40) にとんで頂きたい）．境界線上では前輪が最大コーナリングフォースを発生するから，

$$2F_\mathrm{f} = \mu_\mathrm{f} m_\mathrm{f} g \tag{4.34}$$

であり，後輪も最大コーナリングフォースを発生するから，

$$2F_\mathrm{r} = \mu_\mathrm{r} m_\mathrm{r} g \tag{4.35}$$

である．これらの式を式 (4.33) の左辺に代入すると，

$$\frac{\left(\dfrac{\mu_\mathrm{r} m_\mathrm{r} g}{m_\mathrm{r}}\right)}{\left(\dfrac{\mu_\mathrm{f} m_\mathrm{f} g}{m_\mathrm{f}}\right)} = \frac{\mu_\mathrm{r}}{\mu_\mathrm{f}} = \frac{1}{\dfrac{l}{C_\mathrm{r}}(j\omega)^2 + \dfrac{l}{V}j\omega + 1} \tag{4.36}$$

となる．この式の両辺の逆数の絶対値をとると，

$$\left|\frac{\mu_\mathrm{f}}{\mu_\mathrm{r}}\right| = \left|\frac{l}{C_\mathrm{r}}(j\omega)^2 + \frac{l}{V}j\omega + 1\right| \tag{4.37}$$

となる．この式を式 (4.27) と同様に変形すると，

4.3 sin波で操舵したときの限界性能

$$\left(\frac{\mu_\mathrm{f}}{\mu_\mathrm{r}}\right)^2 = \left(-\frac{l}{C_\mathrm{r}}\omega^2 + 1\right)^2 + \left(\frac{l}{V}\omega\right)^2 \tag{4.38}$$

となる．この式を整理すると，

$$\frac{l^2}{C_\mathrm{r}{}^2}(\omega^2)^2 - \left(\frac{2l}{C_\mathrm{r}} - \frac{l^2}{V^2}\right)\omega^2 + \left[1 - \left(\frac{\mu_\mathrm{f}}{\mu_\mathrm{r}}\right)^2\right] = 0 \tag{4.39}$$

となる．この式は ω^2 についての 2 次式だから，2 次方程式の解の公式を使って ω^2 を求め，さらにその平方根を取ることによって，正の ω は

$$\omega = \sqrt{\frac{C_\mathrm{r}{}^2}{2l^2}\left(\frac{2l}{C_\mathrm{r}} - \frac{l^2}{V^2}\right) \pm \frac{C_\mathrm{r}{}^2}{2l^2}\sqrt{\left(\frac{2l}{C_\mathrm{r}} - \frac{l^2}{V^2}\right)^2 - 4\frac{l^2}{C_\mathrm{r}{}^2}\left[1 - \left(\frac{\mu_\mathrm{f}}{\mu_\mathrm{r}}\right)^2\right]}} \tag{4.40}$$

と求められる．この式の計算例が，図 4.9 の境界線である．

つぎに，後輪横力飽和最低車速 V_s を求めよう．図 4.9 に示すように，境界線の ω は，V_s では ω は一つしかないから，式 (4.40) の内側の根号内が 0 になる V が V_s である．内側の根号内が 0 になる条件は，2 次方程式の判別式が 0 となることだから，

$$\left(\frac{2l}{C_\mathrm{r}} - \frac{l^2}{V^2}\right)^2 - 4\frac{l^2}{C_\mathrm{r}{}^2}\left[1 - \left(\frac{\mu_\mathrm{f}}{\mu_\mathrm{r}}\right)^2\right] = 0 \tag{4.41}$$

である．この式を V について解き，その解を V_s と記すと，

$$V_\mathrm{s} = \sqrt{1 + \sqrt{1 - \frac{1}{\left(\frac{\mu_\mathrm{r}}{\mu_\mathrm{f}}\right)^2}}\left(\frac{\mu_\mathrm{r}}{\mu_\mathrm{f}}\right)}\sqrt{\frac{l}{2}C_\mathrm{r}} \tag{4.42}$$

となる．したがって，$(l/2)C_\mathrm{r}$ や $\mu_\mathrm{r}/\mu_\mathrm{f}$ が大きいほど，後輪横力飽和しにくくなる．その計算例を図 4.14 に示す．

なお，ここまで $k_\mathrm{N} = 1$ としたが，$k_\mathrm{N} \neq 1$ の場合の V_s は，つぎの式で表される[24]．

$$V_\mathrm{s} = \sqrt{1 + \sqrt{1 - \frac{1}{\left(\frac{\mu_\mathrm{r}}{\mu_\mathrm{f}}\right)^2}}\left(\frac{\mu_\mathrm{r}}{\mu_\mathrm{f}}\right)\sqrt{1 + \frac{l_\mathrm{f} - l_\mathrm{r}}{l}(1 - k_\mathrm{N}{}^2)}}\sqrt{\frac{l}{2}C_\mathrm{r}} \tag{4.43}$$

この式は，数値的には式 (4.42) とほとんど変わらない．なぜなら，この式の右辺第 2 根号内の $(l_\mathrm{f} - l_\mathrm{r})/l$ も $1 - k_\mathrm{N}{}^2$ もともに 1 よりも十分小さいから，両者の積はほぼ 0 になるからである．そこで，本書では $k_\mathrm{N} = 1$ の場合について述べた．

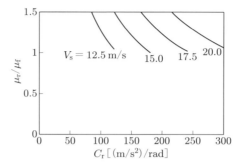

図 4.14　μ_r/μ_f や C_r が後輪横力飽和最低車速に及ぼす影響

4.4　転覆のしにくさ

ロール角 ϕ やピッチ角 θ が過大になり，$\phi=\theta=0$ の状態に戻れないことを**転覆**とよぶ．転覆の原因は多岐にわたるが，ここでは，その中で最も重要な，旋回による転覆を防ぐための条件を求める．

■ 4.4.1　仮定

この項では，簡単のため以下の条件はすべて 0 と想定する．
- ロール角 ϕ
- トレッド変化
- サスペンションストローク
- タイヤの縦変形
- タイヤの横変位 y_c

■ 4.4.2　転覆モーメント

図 4.15 に旋回中の外輪接地点まわりにはたらく二つのモーメントを示す．その一つは転覆側にはたらく遠心力によるモーメント hma_y（h は重心高，m は車両質量，a_y は横加速度を表す）であり，もう一つは転覆を妨げる側にはたらく重力によるモーメント $(d/2)mg$（d はトレッドを，g は重力加速度を表す）である．重力によるモーメントよりも遠心力によるモーメントが大きければ，車両は転覆する．そこで，転覆限界の目安として，両者がちょうどつり合う横加速度を**転覆限界横加速度**とよび，$a_{y\mathrm{R.O.}}$ と記す．$a_{y\mathrm{R.O.}}$ における二つのモーメントのつり合い条件は

$$hma_{y\mathrm{R.O.}} - \frac{d}{2}mg = 0 \tag{4.44}$$

であり，この式を整理すると，

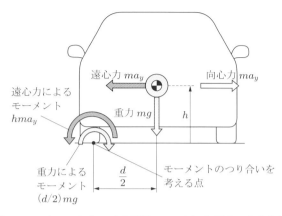

図 4.15 転覆モーメントのつり合い（正面視）：この図は転覆する直前を想定しているので，旋回内輪の路面反力は 0 とする．

$$\frac{a_{y\mathrm{R.O.}}}{g} = \frac{\left(\dfrac{d}{2}\right)}{h} \tag{4.45}$$

となる．したがって，$d/2$ が大きく h が小さいほど $a_{y\mathrm{R.O.}}/g$ が大きくなる．このように，$a_{y\mathrm{R.O.}}$ は寸法諸元と慣性諸元で決まる．

■ 4.4.3 転覆しない条件

つぎに，式 (4.45) から，過渡最大横加速度 $a_{y\mathrm{maxT}}$ でも転覆しない条件は

$$\frac{a_{y\mathrm{maxT}}}{g} < \frac{a_{y\mathrm{R.O.}}}{g} \tag{4.46}$$

である．ここで，$a_{y\mathrm{maxT}}$ は

$$a_{y\mathrm{maxT}} = \frac{\mu_\mathrm{f} m_\mathrm{f} + \mu_\mathrm{r} m_\mathrm{r}}{m} g \tag{4.9：再}$$

である（μ_f と μ_r はそれぞれ前後輪の等価摩擦係数を m_f と m_r はそれぞれ前後輪が負担する車両質量を表す）．式 (4.9) と (4.45) を式 (4.46) に代入すると

$$\frac{\mu_\mathrm{f} m_\mathrm{f} + \mu_\mathrm{r} m_\mathrm{r}}{m} < \frac{\left(\dfrac{d}{2}\right)}{h} \tag{4.47}$$

となる．この式を左辺で割ると，

$$1 < \frac{\left(\dfrac{d}{2}\right)}{h \left(\dfrac{\mu_\mathrm{f} m_\mathrm{f} + \mu_\mathrm{r} m_\mathrm{r}}{m}\right)} \tag{4.48}$$

となる．これが，転覆しないための条件式である．この右辺が大きいほど転覆しにくい．したがって，$d/2$ が大きく，h が小さく，μ_f や μ_r が小さいほど転覆しにくい．また，最終プラウの車両における $a_{y\mathrm{maxT}}$ が発生するのはスピンのときである．したがって，スピンしにくいほど，転覆しにくい．

なお，4.4.1 項の仮定は，実際よりも転覆しにくい側にはたらく．さらに，ロール共振の動的な効果もあるので，これらの条件を加味した場合の式 (4.48) の左辺は，1 よりも大きい[25]．

4.5 限界性能の設計手順

限界性能の設計手順を図 4.16 に示す．限界性能の要件の一つは，定常旋回において転覆しないことである．そのため，限界性能の設定手順は，定常円旋回における転覆を考慮する必要がある場合と，必要がない場合とに分かれる．

転覆を考慮する必要のない場合，まず第 1 段階では，耐スピン性の向上策として最終プラウ傾向を大きくするために，前後輪の等価摩擦係数比 μ_r/μ_f を大きく（必ず 1 以上に）する．これが達成できたら，第 2 段階では，旋回限界の向上策として μ_r/μ_f を保ったまま前輪の等価摩擦係数 μ_f を大きくするとともに，後輪横力飽和領域を小さくするために，後輪等価コーナリング係数 C_r を大きくする．

転覆を考慮する必要がある場合，まず，耐転覆性の向上策として転覆モーメントを小さくするために $(2/d)/h$（d はトレッド，h は重心高）を大きくし，つぎに，遠心力を減らすために μ_f を小さくする．さらに，耐スピン性の向上策として μ_r/μ_f を大きする．そしてその後，C_r を大きくする．

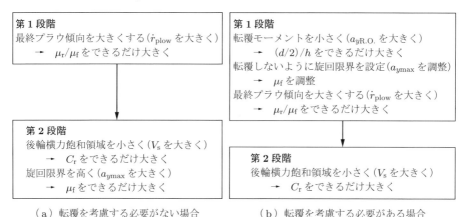

図 4.16　限界性能設計手順

第5章
旋回中の減速時の安定性

オーバースピードでカーブに入ったときにアクセルオフや制動をする（両者を合わせて**減速**と記す）と，車両がドライバの意図よりも旋回内側に曲がることがある．この現象は，序章で分類した「曲げられる」ことの一種であり，これに対する「曲げられにくさ」のことを「安定性」とよんだ．そこで，この性能を旋回中の減速時安定性とよぶ．

この章では，旋回中に減速したとき運動方程式を導き，つぎに旋回の変化を式で表し，最後に安定性の向上方法を述べる．

5.1 減速による運動方程式の変化

旋回中の減速によって車両が旋回内側に曲げられる原因は二つある．一つ目は，旋回を助長する側に z 軸まわりのモーメント（ヨーモーメント）がはたらくことである[26]．二つ目は，減速前よりもスタビリティファクタが減ることである[27]．この節では，この二つを加味した運動方程式を導出する（減速時の応答にだけ興味のある方は，次節にとんで頂きたい）．

■ 5.1.1 想定する条件

図 1.2 に示した x 軸方向の速度 u の変化を**前後加速度**とよび，a_x と記す．a_x の単位は m/s^2 であり，x 軸の正の向きの加速度を正の a_x とする．したがって，減速時の a_x は負である．この章では，最も旋回内側に曲がりやすい条件として，表 5.1 の条件を想定する．なお，$a_x = \dot{u} \approx \dot{V}$ とする．ここで，V は車速である．

表 5.1　5 章で想定する条件

物理量	条件
前後加速度 a_x	$-4 \sim -2$ m/s^2
横加速度 a_y	3 m/s^2

つぎに，コーナリングフォースを等価コーナリングパワによって表す．等価コーナリング係数ではなく等価コーナリングパワも使う理由は，図 1.8 の関係が，減速中は

成り立たないためである．

■5.1.2 旋回中の接地点横移動

旋回中は，車体のロールやタイヤの横変形によって，車両の x 軸とタイヤの接地点との間に横変位 Δy が生じる．旋回中の車両の背面視を図 5.1(a) に示す．ここではタイヤやサスペンション，ブレーキ等の質量を無視して，車両の重心 o は車体の重心にあるとする．座標系は，車両前方に x 軸を，車両左側に y 軸を，鉛直上向に z 軸をとる．図 (a) 中のロールセンタ[†] とは，タイヤが路面に固定されたまま車体が微小にロールするときの，ロールの中心である．簡単のため，前後のロールセンタの高さは等しいとする．路面からロールセンタまでの高さを**ロールセンタ高**とよび $h_{\mathrm{RCf,r}}$ と記す．また，ロールセンタから重心までの距離を**ロールアーム長**とよび，前輪と後輪のロールアーム長は等しいと仮定し，これを $h_{\mathrm{f,r}}$ と記す．したがって，x 軸まわりにはたらくモーメントは，前後輪のコーナリングフォース $2F_{\mathrm{f}}$ と $2F_{\mathrm{r}}$ による $2h_{\mathrm{f,r}}(F_{\mathrm{f}} + F_{\mathrm{r}})$ と，

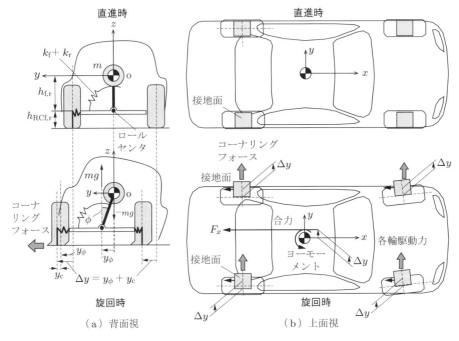

(a) 背面視 (b) 上面視

図 5.1　旋回中の減速によるヨーモーメント：旋回によるタイヤ接地点横移動のため，エンジンブレーキや制動力による前後力の合力は，重心から横移動量分だけオフセットした点にはたらくため，ヨーモーメントが生じる．

---

† ロールセンタは 10.1.1 項で述べる．

ロール剛性 $k_\mathrm{f}+k_\mathrm{r}$ による $-(k_\mathrm{f}+k_\mathrm{r})\phi$，路面反力による $h_\mathrm{f,r}mg\phi$ の和である（m は車両質量である）．よって，ロールモーメントのつり合いは

$$0 = -(k_\mathrm{f}+k_\mathrm{r}-h_\mathrm{f,r}mg)\phi + 2h_\mathrm{f,r}(F_\mathrm{f}+F_\mathrm{r}) \tag{5.1}$$

となる．したがって，定常円旋回中のロール角 ϕ は，$2F_\mathrm{f}+2F_\mathrm{r}=ma_y$ を上式に代入することによって，

$$\phi = \frac{h_\mathrm{f,r}ma_y}{K_x} \tag{5.2}$$

となる．なお，表記を簡単にするために $K_x \equiv k_\mathrm{f}+k_\mathrm{r}-h_\mathrm{f,r}mg$ とした．したがって，ロールに伴う接地点横移動量を y_ϕ と記すと，$y_\phi = h_\mathrm{f,r}\phi$ だから，

$$y_\phi = \frac{h_\mathrm{f,r}^2}{K_x}ma_y \tag{5.3}$$

となる．

また，ロールだけでなく，3.3.1 項で述べたタイヤの横剛性 k_t によっても，タイヤの接地点がホイールに対して横移動する．この量を y_c と記す．ここで，簡単のため 4 輪の y_c が等しいと仮定すると，タイヤ接地点における車両の力のつり合いから，

$$y_c \approx \frac{1}{4k_\mathrm{t}}ma_y \tag{5.4}$$

となる．以上の結果から，接地点の全横移動量を $\Delta y = y_\phi + y_c$ と記すと，

$$\Delta y = \left(\frac{h_\mathrm{f,r}^2}{K_x} + \frac{1}{4k_\mathrm{t}}\right)ma_y \tag{5.5}$$

となる．

■ **5.1.3 旋回中の減速によるヨーモーメント**

アクセルオフした場合はエンジンブレーキのトルクが，制動した場合はブレーキの摩擦トルクがタイヤ接地面を介して路面に伝わり，その反力がタイヤ接地面から車両にはたらく．この前後力の総和を F_x と記すと，

$$F_x = ma_x \tag{5.6}$$

である．F_x の向きは，x 軸の向きに合わせて，前向きを正として扱う．したがって，減速時の F_x は負である．

ここで，タイヤ接地面は Δy だけ横変位しているので，F_x は車両の重心から Δy ずれた位置にはたらく．そのため，旋回中に減速すると，ヨーモーメントが発生する．このヨーモーメントを M_{a_x} と記すと，

$$M_{a_x} = -\Delta y F_x = -\left(\frac{h_\mathrm{f,r}^2}{K_x} + \frac{1}{4k_\mathrm{t}}\right)m^2 a_y a_x \tag{5.7}$$

である.

この M_{a_x} を運動方程式に加味しよう.まず,車両の運動方程式は

$$mV(r+\dot{\beta}) \approx 2F_\mathrm{f} + 2F_\mathrm{r} \tag{1.59:再}$$

$$I_z \dot{r} = 2l_\mathrm{f} F_\mathrm{f} - 2l_\mathrm{r} F_\mathrm{r} \tag{1.60:再}$$

であった.ここで,r はヨー角速度を,β は重心位置の車体横滑り角を,I_z はヨー慣性モーメントを,l_f は前輪～重心間距離を,l_r は重心～後輪間距離を表す.式 (1.60) に M_{a_x} を加味すると,

$$I_z \dot{r} = 2l_\mathrm{f} F_\mathrm{f} - 2l_\mathrm{r} F_\mathrm{r} - \left(\frac{h_{\mathrm{f,r}}{}^2}{K_x} + \frac{1}{4k_\mathrm{t}} \right) m^2 a_y a_x \tag{5.8}$$

となる.この式の右辺第 3 項が減速時に旋回を助長する側に作用するので,$(h_{\mathrm{f,r}}{}^2/K_x + 1/4k_\mathrm{t})$ が小さいほど車両は曲げられにくい.式 (5.8) と式 (1.59) が M_{a_x} を加味した運動方程式である.

■ 5.1.4　減速による等価コーナリングパワの変化

図 5.2 に示すように,減速すると y 軸まわりのモーメント(ピッチモーメント)が生じる.そのため,前後輪の路面反力も変化する.この現象を**前後荷重移動**とよぶ.前 2 輪の路面反力変化の合計を ΔF_zf,後 2 輪の路面反力変化の合計を ΔF_zr と記す.ΔF_zf や ΔF_zr の向きは上向きを正とする.

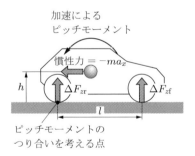

図 5.2　前後荷重移動

まず,ΔF_zf を求めよう.図 5.2 に示すように,後輪接地点まわりのピッチモーメントのつり合いを考える.ΔF_zf はこの点からホイールベース l の分だけ前方にはたらくから,それによるモーメントは $l \Delta F_\mathrm{zf}$ である.また,減速による慣性力 $-ma_x$ は,この点から重心高 h の分だけ上方にはたらくから,それによるピッチモーメントは $-h m a_x$ である.よって,二つのモーメントがつり合う条件は

$$l \Delta F_\mathrm{zf} = -h m a_x \tag{5.9}$$

だから，ΔF_{zf} は

$$\Delta F_{zf} = -\frac{h}{l} m a_x \tag{5.10}$$

として求められる．一方，車両の上下方向のつり合い条件は

$$\Delta F_{zf} + \Delta F_{zr} = 0 \tag{5.11}$$

だから，ΔF_{zr} は

$$\Delta F_{zr} = -\Delta F_{zf} = \frac{h}{l} m a_x \tag{5.12}$$

である．

つぎに，ΔF_{zf} や ΔF_{zr} によって起こる等価コーナリングパワの変化を式で表そう．路面反力が増えるとタイヤ単体のコーナリングパワも図 5.3 に示すように増える．そこで，前後輪の等価コーナリングパワ $2K_f$ と $2K_r$ の変化を図 5.4，5.5 のように仮定して，つぎの式で表す．

$$2K_f = C_f m_f + 2e_f \frac{\Delta F_{zf}}{2} \tag{5.13}$$

$$2K_r = C_r m_r - 2e_r \frac{\Delta F_{zf}}{2} \tag{5.14}$$

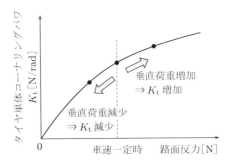

図 5.3 タイヤの垂直荷重とコーナリングパワ K_t との関係

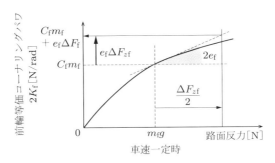

図 5.4 減速時の前輪等価コーナリングパワ

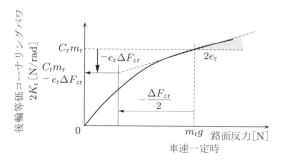

図 5.5 減速時の後輪等価コーナリングパワ

e_f と e_r が，それぞれ前後荷重移動に対する前1輪や後1輪の等価コーナリングパワの変化を表す係数（**等価コーナリングパワ変化係数**）であり，単位は 1/rad または無次元である．また，C_f と C_r はそれぞれ前後輪の等価コーナリング係数を，m_f と m_r はそれぞれ前後輪が負担する車両質量を表す．これらの式による等価コーナリングパワの変化を図 5.6 に示す．この変化はスタビリティファクタ A が減る側に作用するので，減速によって車両がさらに旋回内側に曲げられるのである．

なお，$e_\mathrm{r} > e_\mathrm{f}$ である．その理由は，操舵系のねじり剛性 G_st による切れ角変化が切れ角変化の中でも顕著に大きいからである．図 5.7 に，タイヤ単体のコーナリングパワ変化による見かけのスリップ角の変化の例を示す．タイヤ単体のコーナリングパワが2倍になると，スリップ角はもとの 1/2 倍になるのに対して，切れ角変化は変わらない[†] から，見かけのスリップ角は 1/2 にはならない．したがって，見かけのスリップ角の逆数に比例する等価コーナリングパワも2倍にはならない．

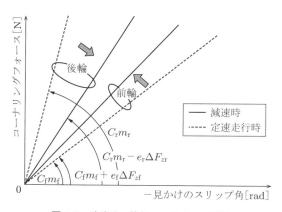

図 5.6 減速時の等価コーナリング係数

[†] 前後荷重移動しても，旋回時に前輪が負担する質量 $m_\mathrm{f} = (l_\mathrm{f}/l)m$ （図 1.8）は変わらない．

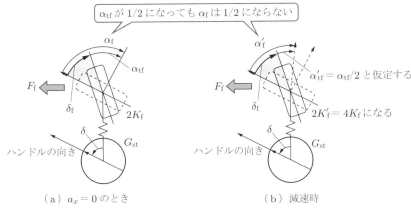

図 5.7 減速時の等価コーナリングパワと切れ角変化との関係

■ 5.1.5 運動方程式

減速中の等価コーナリングパワを表す式 (5.13), (5.14) を式 (1.59), (5.8) に代入することで, 減速中の運動方程式は

$$mV(r+\dot{\beta}) = -(C_\mathrm{f} m_\mathrm{f} + e_\mathrm{f}\Delta F_{zf})\alpha_\mathrm{f} - (C_\mathrm{r} m_\mathrm{r} - e_\mathrm{r}\Delta F_{zf})\alpha_\mathrm{r} \tag{5.15}$$

$$I_z\dot{r} = -l_\mathrm{f}(C_\mathrm{f} m_\mathrm{f} + e_\mathrm{f}\Delta F_{zf})\alpha_\mathrm{f} + l_\mathrm{r}(C_\mathrm{r} m_\mathrm{r} - e_\mathrm{r}\Delta F_{zf})\alpha_\mathrm{r} - \left(\frac{h_{\mathrm{f,r}}^2}{K_x} + \frac{1}{4k_\mathrm{t}}\right) m^2 a_y a_x \tag{5.16}$$

となる. ここで, α_f は前輪の見かけのスリップ角であり,

$$\alpha_\mathrm{f} = \beta + \frac{l_\mathrm{f}}{V}r - \delta \tag{1.56:再}$$

と表される. 一方, 後輪の見かけのスリップ角 α_r は次式で表される.

$$\alpha_\mathrm{r} = \beta - \frac{l_\mathrm{r}}{V}r \tag{1.57:再}$$

5.2 減速による旋回の変化

スタビリティファクタ $A \neq 0$ の車両では, 車速が変化すると旋回半径も変化する. そこでこの節では, 減速によるヨーモーメントと A の変化による旋回半径変化の影響を抽出するために, まず, 「減速しても車速が一定の旋回」について述べ, つぎに, 減速による旋回の変化の式を導く.

■ 5.2.1 車速が変化するときの解析法

図2.7に示したように，アンダステア（US）の車両は車速 V が減ると旋回半径 R も減る．したがって，減速による旋回変化にはスタビリティファクタ A の影響も含まれてしまう．そこで，この影響を消すために，減速しても V は変化しない定常円旋回を想定する．この旋回を**準定常円旋回**[2]とよぶ．準定常円旋回を想定することで，減速によるヨーモーメントと等価コーナリングパワの変化が旋回に及ぼす影響だけを抽出できる．

準定常円旋回の直観的イメージは，図5.8に示すように，らせん状の道路を車速一定で下ることである．

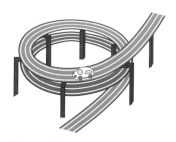

図 5.8 準定常円旋回のイメージ図

■ 5.2.2 旋回の変化

この項では，減速による横加速度の変化率を導く（結論から知りたい方は，式 (5.22) にとんで頂きたい）．準定常円旋回を仮定して，舵角 δ や V，ヨー角速度 r，重心位置横滑り角 β は一定とする．そこで，$\dot{r}=0$，$\dot{\beta}=0$ と式 (5.10) を式 (5.15)，(5.16) に代入して，r について解くと，準定常円旋回における r として，つぎの式が得られる．

$$r = \frac{V\left[\dfrac{h(e_r - e_f)}{l_f l_r C_f C_r}a_x + \left(\dfrac{1}{l_r C_f} - \dfrac{1}{l_f C_r}\right)\right]a_x \Delta y + \left(1 + \dfrac{he_f}{l_r C_f}a_x\right)\left(1 - \dfrac{he_r}{l_f C_r}a_x\right)V\delta}{l\left(1 + AV^2 + \dfrac{h}{l} \cdot \dfrac{ll_f C_r e_f - ll_r C_f e_r + (-l_f e_f + l_r e_r)V^2}{l_f l_r C_f C_r}a_x - \dfrac{h^2 l e_f e_r}{l_f l_r C_f C_r}a_x^2\right)}$$
(5.17)

ここで，e_f と e_r は，それぞれ前後荷重移動に対する前1輪や後1輪の等価コーナリングパワ変化係数であり，図5.4，5.5 に示される．また，Δy は，車両の x 軸からみた旋回中のタイヤ接地点の移動距離である．さらに，C_f と C_r は前後輪の等価コーナリング係数を，h は重心高を，l はホイールベースを，l_f は前輪〜重心間距離を，l_r は重心〜後輪間距離を表す．この式の両辺に V を掛けると，$a_y = Vr$ だから，

$$a_y = V^2 \cdot \frac{\left[\dfrac{h(e_\mathrm{r}-e_\mathrm{f})}{l_\mathrm{f} l_\mathrm{r} C_\mathrm{f} C_\mathrm{r}} a_x + \left(\dfrac{1}{l_\mathrm{r} C_\mathrm{f}} - \dfrac{1}{l_\mathrm{f} C_\mathrm{r}}\right)\right] a_x \Delta y + \left(1 + \dfrac{h e_\mathrm{f}}{l_\mathrm{r} C_\mathrm{f}} a_x\right)\left(1 - \dfrac{h e_\mathrm{r}}{l_\mathrm{f} C_\mathrm{r}} a_x\right)\delta}{l\left(1 + AV^2 + \dfrac{h}{l} \cdot \dfrac{l l_\mathrm{f} C_\mathrm{r} e_\mathrm{f} - l l_\mathrm{r} C_\mathrm{f} e_\mathrm{r} + (-l_\mathrm{f} e_\mathrm{f} + l_\mathrm{r} e_\mathrm{r})V^2}{l_\mathrm{f} l_\mathrm{r} C_\mathrm{f} C_\mathrm{r}} a_x - \dfrac{h^2 l e_\mathrm{f} e_\mathrm{r}}{l_\mathrm{f} l_\mathrm{r} C_\mathrm{f} C_\mathrm{r}} a_x{}^2\right)}$$
(5.18)

となる．この式を整理しよう．a_y は

$$\frac{a_y}{\delta} = \frac{1}{1+AV^2} \cdot \frac{V^2}{l} \qquad (2.38\text{:再})$$

であった．そこで，制動前の x 軸方向の加速度 a_x が 0 のときの a_y を a_{y0} と記すと，

$$a_{y0} = \frac{V^2}{l(1+AV^2)}\delta \qquad (5.19)$$

と書ける．よって，減速前と減速後の横加速度の比は a_y/a_{y0} となる．この式の値が 1 なら旋回は変化しない．したがって，

$$\frac{a_y}{a_{y0}} - 1$$

が旋回の変化率を表す．そこで，$a_y/a_{y0} - 1$ を式 (5.18)，(5.19) から求め，さらに，$a_x \approx 0$ として，$a_y/a_{y0} - 1$ を a_x の 1 次式で近似すると，

$$\frac{a_y}{a_{y0}} - 1 \approx -\frac{h(l_\mathrm{f} C_\mathrm{r}^2 e_\mathrm{f} + l_\mathrm{r} C_\mathrm{f}^2 e_\mathrm{r})V^2}{l_\mathrm{f} l_\mathrm{r} C_\mathrm{f} C_\mathrm{r}(l C_\mathrm{f} C_\mathrm{r} - C_\mathrm{f} V^2 + C_\mathrm{r} V^2)} a_x - \frac{(l_\mathrm{f} C_\mathrm{r} + l_\mathrm{r} C_\mathrm{f})V^2}{l_\mathrm{f} l_\mathrm{r} C_\mathrm{f} C_\mathrm{r}} \cdot \frac{\Delta y}{\delta} a_x \quad (5.20)$$

となる．この式の右辺第 2 分母の $\Delta y/\delta$ は，式 (5.5)，(5.19) から

$$\begin{aligned}\frac{\Delta y}{\delta} &= \left(\frac{a_{y0}}{\delta}\right)\frac{\Delta y}{a_{y0}} = \left(\frac{h_\mathrm{f,r}{}^2}{K_x} + \frac{1}{4k_\mathrm{t}}\right)\left(\frac{a_{y0}}{\delta}\right) \\ &= \left(\frac{h_\mathrm{f,r}{}^2}{K_x} + \frac{1}{4k_\mathrm{t}}\right)\frac{V^2}{l(1+AV^2)}\end{aligned} \qquad (5.21)$$

と変形できる．この式を式 (5.20) に代入することで，横加速度の変化率は

$$\frac{a_y}{a_{y0}} - 1 = -\frac{\dfrac{h}{l_\mathrm{r}} \cdot \dfrac{e_\mathrm{f}}{C_\mathrm{f}^2} + \dfrac{h}{l_\mathrm{f}} \cdot \dfrac{e_\mathrm{r}}{C_\mathrm{r}^2} + \left(\dfrac{1}{l_\mathrm{r} C_\mathrm{f}} + \dfrac{1}{l_\mathrm{f} C_\mathrm{r}}\right)\left(\dfrac{h_\mathrm{f,r}{}^2 m}{K_x} + \dfrac{m}{4k_\mathrm{t}}\right)}{l(1+AV^2)} V^2 a_x \quad (5.22)$$

と求められる．なお，横加速度の変化率だけでなく，ヨー角速度や旋回半径の変化率もこの式と等しい．

上の式から，A や K_x, k_t を大きく，e_f や e_r を小さく設定することで，車両がドライバの意図よりも旋回内側に曲げられる現象を低減できる．A を大きく e_f を小さくするためには，前輪の切れ角変化の合計を大きくすることが有効である．また，h/l を減らすことができれば，前後荷重移動も減るので曲げられにくくなる．

■ 5.2.3 旋回中の減速時安定性の向上法

旋回中に減速したときに，ドライバの意図よりも「曲げられる」現象の低減法を，表 5.2 に示す．

表 5.2　旋回中の減速時安定性の向上法

物理量	手段
e_f や e_r（図 5.4, 5.5）を小さく	コーナリングパワの垂直荷重依存性を小さく
Δy（図 5.1）を小さく	タイヤの横剛性やロール剛性を大きく
スタビリティファクタ A を大きく	前輪の切れ角変化の合計を大きく
前後荷重移動を小さく	重心を低く，ホイールベースを長く

第6章
外乱に対する安定性

車両の外から車両に力がはたらくことを外乱とよぶ．外乱によって，ドライバの意図に反して車両が「曲げられる」ことがある．これに対する「曲げられにくさ」を外乱安定性とよぶ．外乱安定性の中で最も性能設計の対象となるのは，道路横断面の傾斜である．すなわち，道路には，図 6.1 に示すように水はけのための横断勾配がある．また，道路施工後，多くの車両が通過すると轍ができる．自動車は，これらの路面に影響されずに走ることが要求される．そこでこの章では，そのための条件を述べる．

図 6.1　道路横断面の表し方：横断勾配を γ で表す．

6.1　道路横断勾配に対する安定性

この節では，図 6.1 に示す横断勾配のある道路を手放し†で走行したときに，進路が逸れることを**車両流れ**とよぶ．この節では，車両流れを防ぐ方法が式 (6.6) であることについて述べる．

図 6.1 に示す道路で，手放ししたときに生じる定常円旋回を考えよう．そのため，ヨー角加速度 $\dot{r}$ や重心位置横滑り角速度 $\dot{\beta}$ は 0 とする．

まず，車両の重心にはたらく斜面に沿った重力の成分は，横断勾配 γ（ガンマ）が 1/100 rad 程度なので，

$$mg\sin\gamma \approx mg\gamma \tag{6.1}$$

と書ける．ここで，m は車両質量，g は重力加速度である．この力を式 (1.59) の右辺に加味すると，並進方向の運動方程式は

$$mV(r+\dot{\beta}) \approx 2F_\mathrm{f} + 2F_\mathrm{r} + mg\gamma \tag{6.2}$$

---

† 手放しとは，入力 0 のフォースコントロールであり，とくにこれをフリーコントロールとよぶこともある．

となる．ここで，V は車速である．また，$2F_f$ と $2F_r$ はそれぞれ前後輪のコーナリングフォースであり，式 (1.61), (1.62) で表される．定常円旋回では $\dot{r} = 0$ だから，そのためには式 (1.60) から，

$$0 = 2l_f F_f - 2l_r F_r \tag{6.3}$$

である必要がある．ここで，l_f は前輪〜重心間距離を，l_r は重心〜後輪間距離を表す．

つぎに，手放しを想定しているので，キングピン軸まわりのモーメントがつり合う必要がある．そこで，図 6.2 に示す，スリップ角 0 のときに生じるモーメントである**剰余モーメント** M_0 の設定による対策を考える．この場合，キングピン軸まわりのモーメントがつり合うためには，

$$-2\xi F_f + 2M_0 = 0 \tag{6.4}$$

が成り立つ必要がある．ここで，ξ はトレールである．以上の式が車両流れを表す運動方程式である．式 (6.2)〜(6.4) を解いて手放し運転のときの横加速度 a_y $(= Vr)$ を求めると，

$$a_y = \frac{2M_0}{\xi m_f} + g\gamma \tag{6.5}$$

となる．ここで，m_f は前輪が負担する質量である．この式に $a_y = 0$ を代入することによって，手放しで直進するための M_0 は

$$M_0 = -\frac{1}{2}\xi m_f g\gamma \tag{6.6}$$

と求められる．

この式を満たすように M_0 を設定することによって，車両流れを生じない車両が実現できるのである．

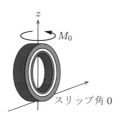

図 6.2 スリップ角 0 で生じるタイヤのモーメント

6.2 轍に対する安定性

図 6.3 に示す轍路を走行するときに，進路が乱される現象を**轍とられ**とよぶ．この節では，舵角 δ 一定で走行するときの轍とられの起こりにくさを，このとき生じる定常円旋回で考えよう．ただし，車両が旋回しても，車両と道路との関係は常に図 6.3 が維持されると仮定する（結論から知りたい方は，式 (6.12) にとんで頂きたい）．

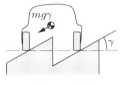

図 6.3 轍路

まず，簡単のため $\delta = 0$ とする[†]．また，定常円旋回を想定しているので，重心位置の車体横滑り角 β やヨー角速度 r は一定とする．

図 6.3 に示すように，轍路ではタイヤは路面に垂直には接していない．図 6.4 に示すように，鉛直面内でのタイヤと路面とのなす角 γ をキャンバ角とよぶ．路面に対して負の x 軸回転方向に γ が生じると，y 軸の正の向きに力が生じる．この力をキャンバスラストとよび，F_c と記す．F_c を近似的に

$$F_c \approx -K_c \gamma \tag{6.7}$$

とみなしたとき，比例係数 K_c をキャンバスティフネスとよぶ．キャンバスティフネ

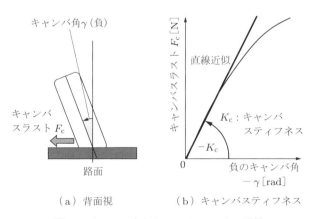

(a) 背面視   (b) キャンバスティフネス

図 6.4 キャンバ角とキャンバスラストの関係

[†] この条件は $\delta = 0$ のポジションコントロールであり，これをフィクストコントロールとよぶことがある．

スの単位は N/rad である．前輪の K_c を K_{cf}，後輪の K_c を K_{cr} と記し，これらを

$$2K_{cf} \equiv C_c m_f g \tag{6.8}$$

$$2K_{cr} \equiv C_c m_r g \tag{6.9}$$

のように仮定する．C_c を**キャンバスティフネス係数**とよぶ．C_c の単位は無次元であり，C_c の目安は 0.8〜1.2 程度である．また，m_f と m_r は前後輪が負担する車両質量であり，g は重力加速度である．

つぎに，運動方程式を考えよう．まず，式 (1.61) にキャンバスラストを加味すると，前輪のタイヤが発生する向心力 $2F_f$ は

$$2F_f = -C_f m_f \left(\beta + \frac{l_f}{V} r - \delta \right) - C_c m_f g \gamma \tag{6.10}$$

となる．ここで，C_f は前輪等価コーナリング係数を表し，V は車速を，δ は舵角を，l_f は前輪〜重心間距離を表す．この式と同様に，式 (1.62) にキャンバスラストを加味すると，後輪のタイヤが発生する向心力 $2F_r$ は

$$2F_r = -C_r m_r \left(\beta - \frac{l_r}{V} r \right) - C_c m_r g \gamma \tag{6.11}$$

となる．ここで，C_r は後輪等価コーナリング係数を，l_r は重心〜後輪間距離を表す．

式 (6.10), (6.11) を式 (6.2), (6.3) に代入したものが，轍路における運動方程式である．この運動方程式を解いて定常円旋回中の横加速度 a_y $(= Vr)$ を求めると，

$$a_y = \frac{1 - C_c}{1 + \dfrac{1}{1 + AV^2}} g \gamma \tag{6.12}$$

となる．したがって，$C_c = 1$ に設定することによって $a_y = 0$ にできるので，轍路でも $\delta = 0$ で直進できるのである．

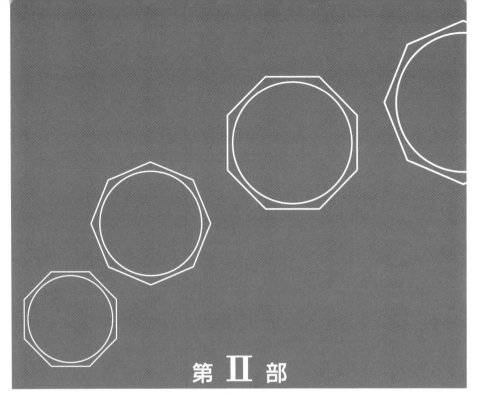

第 II 部
ドライバが感じる車両の動き

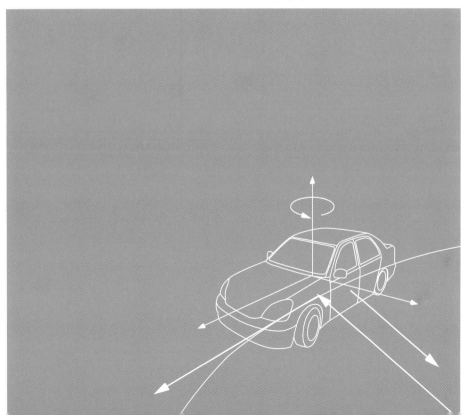

第7章
腰で感じる操舵直後の車両の動き

第Ⅰ部では,操舵応答を「機械としての性質」の観点から述べた.第Ⅱ部では,そのつぎの段階として「人間の感覚を想定した機械の応答」の観点から述べる.

ドライバは,操舵した直後の「腰で感じる車両の動き」や「手で感じるハンドルからの力」によって,後輪のコーナリングフォースが発生するかのような感覚(**リヤグリップ感**)を受けることがあり,リヤグリップを強く感じられるほど気持ちよく旋回できる.

そこでこの章では,まず,操舵した直後の車両の具体的な動き方をリヤグリップ感の観点から述べ,つぎに,リヤグリップ感を「腰で感じる」しくみについて述べる(「手で感じる」しくみはつぎの章で述べる).また,操舵した直後とは,まだ操舵前の旋回直進の影響が残っている過渡状態のことなので,この章の主題は,操舵に対する過渡応答でもある.

なお,この章では,ドライバが感じているとする物理量を言葉(たとえば,「リヤコーナリングフォース」)で,力学上の物理量を記号(たとえば,$2F_r$)で記すことで区別し,さらに,これを強調するために,ドライバが感じているとする前輪や後輪をそれぞれ「フロント」「リヤ」と記す.

7.1 操舵直前の走行条件

リヤグリップ感を感じやすいおもな評価条件は「直進からの操舵」や「S字カーブなどでの切り返し操舵」,「直進付近の微修正」などである.これらすべてで「手で感じるハンドルからの力」によって,最初の二つで「腰で感じる車両の動き」によってリヤグリップ感を知覚する(表7.1).これら3条件の運動方程式上の違いは,初期条件が直進か旋回かだけである.そこで,簡単のため,直進を初期条件とする.

表 7.1 リヤグリップ感の評価条件とリヤグリップの知覚

評価条件	腰による知覚	手による知覚†
直進からの操舵	○	○
S字カーブなどでの切り返し操舵	○	○
直進付近の微修正	×	○

7.2 操舵直後の車両の動き方

テストドライバは，リヤグリップ感を強く感じるときの車両の動き方を「フロントが動いた後，すぐにリヤがグリップする」などと表現する．この表現には二つの情報がある．一つは，表 7.2 に示すように，運動の発生が操舵→前輪→後輪の3段階であるということである．もう一つは，表 7.3 に示すように，評価の対象が第2段階から第3段階にかけての動き方にあることである．ただし，表 7.2，7.3 の表現例は感覚的なものであり，用語の使い方が必ずしも力学に則っているとは限らない．

この節は，まず3段階の運動を確認し，つぎにその運動を前後輪の軌跡で表すことによって，過渡応答における車両の動き方を理解し，最後に過渡応答の早さの目安となる指標について述べる．先を急ぐ方は，図 7.4，7.9，式 (7.13) だけを確認してほしい．

表 7.2 操舵直後の運動の順序に関するドライバの表現例

表現（要旨）
「操舵すると，まずフロント（前輪）が動いた後でリヤ（後輪）が動く」
「操舵すると，最初にヨーが出てからリヤ（後輪）が力を出す」
「操舵すると，リヤ（後輪）まわりに自転してから公転する」

表 7.3 操舵直後の動き方を高く評価する表現例

表現（要旨）
「リヤがグリップする」
「リヤのコーナリングフォースがすぐに立ち上がる」
「リヤに剛性感がある」
「自転せずに公転する」

---

† 「手で感じるハンドルからの力」によるリヤグリップ感の知覚は，$V = V_{\beta 0} = \sqrt{lC_r}$ のとき精度が最も高い（8.1 節）．

■ 7.2.1 前後輪の運動方程式

この章では，簡単のためヨー慣性半径係数 k_N を 1 とする．このとき，車両の運動方程式は，つぎのように書けた．

$$\dot{\beta}_f = -\left(\frac{C_f}{V} + \frac{V}{l}\right)\beta_f + \frac{V}{l}\beta_r + \frac{C_f}{V}\delta \qquad (3.39：再)$$

$$\dot{\beta}_r = -\left(\frac{C_r}{V} - \frac{V}{l}\right)\beta_r - \frac{V}{l}\beta_f \qquad (3.40：再)$$

ここで，C_f と C_r は前後輪の等価コーナリング係数を，β_f，β_r は前輪位置，後輪位置の車体横滑り角を，δ は舵角を，V は車速を，l はホイールベースを表す．

■ 7.2.2 積分の性質

物体の運動は，ニュートンの法則によって加速度が決まり，力→加速度→「積分」→速度→「積分」→変位のように，積分によって物理変数が変化する．図 7.1 に $y = \sin t$ と，それを積分した波形を示す．これらの波形が最大になる時刻は，もとの関数よりも積分された関数のほうが遅い．あらゆる波形は，sin 波の組合せで表すことができるので，積分されるともとの波形よりも遅れる．そこで，本書では積分を**遅れ**とみなす．

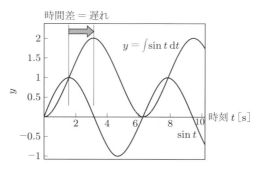

図 7.1 積分による時間遅れ：時間とともに変化する波形を積分すると，ピークのタイミングはもとの関数よりも遅くなる．このように，積分は遅れを伴う．

■ 7.2.3 運動の発生順序

この項では，3 段階の動きに対応すると考えられる実際の運動について述べる．3.1 節でみたヨー共振と同じように，ここでもブロック線図によって発生順序を考えよう．式 (3.39)，(3.40) の運動方程式のブロック線図を図 7.2 に示す．この図には，

$$r = \frac{V}{l}(\beta_f - \beta_r) \qquad (3.31：再)$$

の関係を使って，ヨー角速度 r も記してある．この式の意味を図 7.3 に示す．

つぎに，運動の順序を段階ごとに述べる．

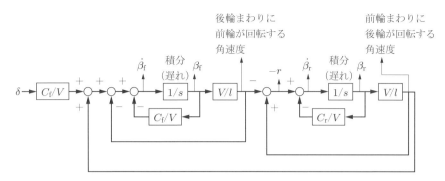

図 7.2　過渡応答の第 2 段階のブロック線図

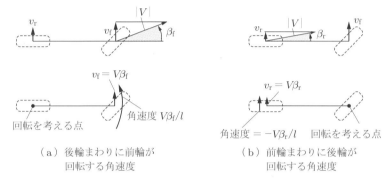

（a）後輪まわりに前輪が
　　回転する角速度

（b）前輪まわりに後輪が
　　回転する角速度

図 7.3　$r = V(\beta_f - \beta_r)/l$ の意味：後輪まわりの前輪の角速度 $V\beta_f/l$ と前輪まわりの後輪の角速度 $-V\beta_r/l$ の和が r である．

第 0 段階： 初期条件として，直進 $\dot{\beta}_f = \beta_f = r = \dot{\beta}_r = \beta_r = 0$ とする[†]．

第 1 段階： 操舵すると，図 7.2 から，δ と同時に $\dot{\beta}_f$ が同時に生じる．

第 2 段階： $\dot{\beta}_f$ が積分されることによって，δ よりも遅れて β_f や r，$\dot{\beta}_r$ が同時に生じる．

第 3 段階： $\dot{\beta}_r$ が積分されることによって，$\dot{\beta}_r$ よりも遅れて β_r や $2F_r$ が同時に生じる．

第 4 段階： 初期条件の影響が消えて，定常状態になる．

第 0〜4 段階を図 7.4 に示す．これが表 7.2 に対応する動き方であると考えられる．これがこの項の結論である．

[†] 操舵直後の応答のための試験法は，ISO13674-2 としても規格化されている．

図 7.4　運動の発生順序

ここから先は，運動の発生順序のブロック線図以外の読み取り方法について述べる（先を急ぐ読者は 7.2.4 項にとんで頂きたい）．

まず，時系列波形から運動の順序を読み取る方法について述べる．直進から，δ をステップ操舵したときの操舵応答を図 7.5 に示す．運動の発生順序は，この図の時刻 $t=0$ における各物理量の値や傾きに表れている．

第 1 段階で生じる $\dot{\beta}_f$ は，$t=0$ の時点ですでに値（と傾き）が生じている．

第 2 段階で生じる β_f と r，$\dot{\beta}_r$ は，$t=0$ の時点で値は 0 で，傾きだけが生じている．

第 3 段階で生じる β_r は，$t=0$ の時点で値も傾きも 0 である．

このように操舵直後の値や傾きに注目することによって，運動の順序がわかる．

つぎに，数式による運動の発生順序の読み取りについて述べる．一般的な k_N の場合の運動方程式は

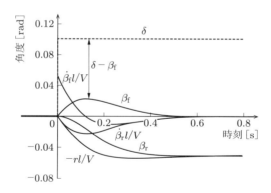

図 7.5　各物理量の発生順序：$t=0$ に注目する．$t=0$ のとき，第 1 段階で動く $\dot{\beta}_f$ は値が生じている．第 2 段階で動く β_f と r，$\dot{\beta}_r$ は傾きが生じている．第 3 段階で動く β_r は値も傾きも 0 である．なお，図中では，縦軸を角度の単位に統一するために，角速度には l/V を掛けてある．（計算諸元は $C_f = 100$ (m/s^2)/rad，$C_r = 200$ (m/s^2)/rad，$l = 2.6$ m，$V = 22.4$ m/s（約 80 km/h），$k_N = 1$ である．なお，この V は定常旋回で $\beta_f = 0$ となる $V = \sqrt{lC_r}$ である．）

7.2 操舵直後の車両の動き方

$$V(r+\beta s) = -\left(\frac{l_r}{l}C_f + \frac{l_f}{l}C_r\right)\beta - \frac{l_f l_r}{lV}(C_f - C_r) \tag{3.5:再}$$

$$k_N{}^2 rs = -\frac{1}{l}(C_f - C_r)\beta - \left(\frac{l_r}{l}C_f + \frac{l_f}{l}C_r\right)r \tag{3.6:再}$$

であった．ここで，β は重心位置の車体横滑り角を，l_f は前輪〜重心間距離を，l_r は重心〜後輪間距離を表す．また，k_N を含む式は

$$l_f + k_N{}^2 l_r \approx k_N{}^2 l_f + l_r \approx k_N l \tag{3.13:再}$$

と簡潔にできた．これらの関係を使って，$\dot{\beta}_f/\delta$ や β_f/δ, r/δ, $\dot{\beta}_r/\delta$, β_r/δ を求めると，

$$\frac{\dot{\beta}_f}{\delta} \approx \frac{C_f(lC_r - V^2)}{k_N{}^2 lV^2} \cdot \frac{\frac{k_N l}{lC_r - V^2}s^2 + s}{s^2 + \frac{C_f + C_r}{k_N V}s + \frac{C_r}{k_N{}^2 l} + \frac{C_f}{k_N{}^2 l}\left(\frac{lC_r}{V^2} - 1\right)} \tag{7.1}$$

$$\frac{\beta_f}{\delta} \approx \frac{C_f(lC_r - V^2)}{k_N{}^2 lV^2} \cdot \frac{\frac{k_N l}{lC_r - V^2}s + 1}{s^2 + \frac{C_f + C_r}{k_N V}s + \frac{C_r}{k_N{}^2 l} + \frac{C_f}{k_N{}^2 l}\left(\frac{lC_r}{V^2} - 1\right)} \tag{7.2}$$

$$\frac{r}{\delta} \approx \frac{C_f C_r}{k_N{}^2 lV} \cdot \frac{\frac{V}{C_r}s + 1}{s^2 + \frac{C_f + C_r}{k_N V}s + \frac{C_r}{k_N{}^2 l} + \frac{C_f}{k_N{}^2 l}\left(\frac{lC_r}{V^2} - 1\right)} \tag{3.76:再}$$

$$\frac{\dot{\beta}_r}{\delta} \approx -\frac{C_f}{k_N{}^2 l} \cdot \frac{\frac{l_r(1 - k_N{}^2)}{V}s^2 + s}{s^2 + \frac{C_f + C_r}{k_N V}s + \frac{C_r}{k_N{}^2 l} + \frac{C_f}{k_N{}^2 l}\left(\frac{lC_r}{V^2} - 1\right)} \tag{7.3}$$

$$\frac{\beta_r}{\delta} \approx -\frac{C_f}{k_N{}^2 l} \cdot \frac{\frac{l_r(1 - k_N{}^2)}{V}s + 1}{s^2 + \frac{C_f + C_r}{k_N V}s + \frac{C_r}{k_N{}^2 l} + \frac{C_f}{k_N{}^2 l}\left(\frac{lC_r}{V^2} - 1\right)} \tag{7.4}$$

となる．ここで，s は微分の記号である．これらの式の両辺が等しいのは，$k_N = 1$ の場合である．式 (7.1)〜(7.4) ように，出力（$\dot{\beta}_f$ や β_f, r, $\dot{\beta}_r$, β_r）を入力（δ）で割り算した式を **伝達関数** とよぶ．

結論から先に述べると，伝達関数の「（分母の s の最高次数）−（分子の s の最高次数）」の値（**相対次数**）が小さい順に応答が早い．その説明をしよう．まず，式 (7.1), (7.2), (3.76), (7.3), (7.4) の右辺第 2 分数の分母を 0 とした式は，特性方程式

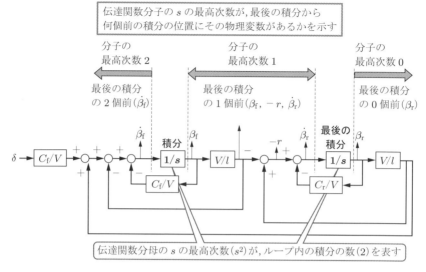

図 7.6 伝達関数の s の次数とブロック線図との関係 ($k_N = 1$)

$$s^2 + \frac{C_f + C_r}{k_N V}s + \frac{C_r}{k_N{}^2 l} + \frac{C_f}{k_N{}^2 l}\left(\frac{lC_r}{V^2} - 1\right) \approx 0 \qquad (3.14：再)$$

に一致する．したがって，伝達関数の分母が特性方程式の左辺を表す[†]．特性方程式は，図 7.6 に示すように，共振のループを意味する．そのため，伝達関数の分母の s の最高次数がループ中の積分の数を表す．

一方，分子の s の次数は，入力からみた最後の積分から数えて何個前の積分にその変数が位置するかを示す．たとえば，図 7.6 に示すように，式 (7.1) の $\dot{\beta}_f$ の場合，分子の s の最高次は s^2 だから，最後の積分よりも二つ前の積分，つまり最初の積分の前にある．また，式 (7.2) の β_f，(3.76) の r の場合，分子の s の最高次は s^1 だから，最後の積分の一つ前にある．この場合，分子の s^0 の項を 1 としたときの分子の s^1 の係数を**進み時定数**とよぶ．とくに，伝達関数 r/δ の進み時定数を**ヨー進み時定数**とよび，T_r と記す．進み時定数の単位は s である．T_r は式 (3.76) から，

$$T_r = \frac{V}{C_r} \qquad (7.5)$$

であり，特性方程式を

$$s^2 + 2\zeta\omega_n s + \omega_n{}^2 = 0 \qquad (3.15：再)$$

[†] ただし，この性質があるのは，ループの外の物理量に対するループ内の物理量（または，ループ内の物理量に対するループ外の物理量）の伝達関数の場合であり，ループ内どうしの物理量の伝達関数（たとえば，r に対する β_r の伝達関数）の場合は，分母は特性方程式を表さない．

と書けば，式 (3.76) は

$$\frac{r}{\delta} \approx \frac{C_f C_r}{k_N{}^2 l V} \cdot \frac{T_r s + 1}{s^2 + 2\zeta\omega_n s + \omega_n{}^2} \tag{7.6}$$

とも書ける．7.2.5 項で述べるように，T_r が小さいほど操舵直後の運動は好ましい．なお，ω_n はヨー固有振動数を，ζ はヨー減衰比を表す．

式 (7.3) の $\dot{\beta}_r$，(7.4) の β_r の分子の s の次数は k_N が 1 かどうかによって変化する．そこで，図 7.2 に対応させるため，式 (7.3)，(7.4) で $k_N = 1$ とすると，

$$\frac{\dot{\beta}_r}{\delta} = -\frac{C_f}{l} \cdot \frac{s}{s^2 + \dfrac{C_f + C_r}{V} s + \dfrac{C_r}{l} + \dfrac{C_f}{l}\left(\dfrac{lC_r}{V^2} - 1\right)} \tag{7.7}$$

$$\frac{\beta_r}{\delta} = -\frac{C_f}{l} \cdot \frac{1}{s^2 + \dfrac{C_f + C_r}{V} s + \dfrac{C_r}{l} + \dfrac{C_f}{l}\left(\dfrac{lC_r}{V^2} - 1\right)} \tag{7.8}$$

となる．式 (7.7) の分子の最高次は s^1 だから，$\dot{\beta}_r$ は最後から一つ前の積分の位置に，式 (7.8) の最高次は s^0 だから，β_r は最後の積分の後ろの位置にあることがわかる．このように，相対次数によって運動の順序がわかるのである．

最後にボード線図による運動の発生順序の読み取りについて述べる．3.2 節で述べたように，伝達関数に $s = j\omega$（j は虚数単位，ω は角周波数）を代入した関数を使って周波数応答を描くことができる．その例を図 7.7 に示す．ω_n よりも十分大きな ω の領域におけるゲインの負の傾きが小さいほど，相対次数が小さい[†]．したがって，この傾きが小さいほど運動の順番が早い．相対次数と傾きとの関係を表 7.4 に示す．なお，勾配を読み取るには，ゲインを両対数で表示する必要がある．

表 7.4 周波数応答のゲイン勾配と相対次数との関係

相対次数	$\omega_n \ll \omega \approx \infty$ の領域におけるゲインの傾き	動く順番
0	水平（ω が 10 倍になってもゲインは $1/10^0$ のままである）	1
1	ω が 10 倍になるとゲインは $1/10^1$ になるような傾き	2
2	ω が 10 倍になるとゲインは $1/10^2$ になるような傾き	3

[†] この性質は，$s = j\omega$ を代入した伝達関数の $\omega \to \infty$ の極限を取ることによって証明できる．

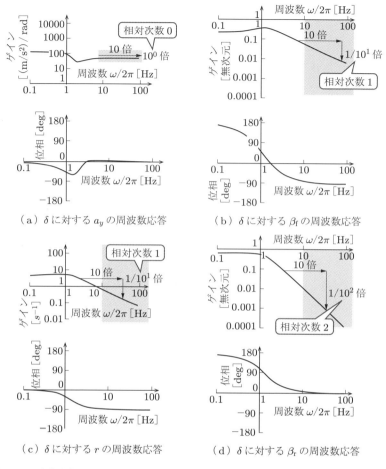

図 7.7 周波数応答ゲインの傾きによる運動の順序の読み取り：(a) は $\omega \gg \omega_n$ の領域で，ω が 10 倍になってもゲインは $1 = 1/10^0$ 倍になる傾き（水平）であるので，相対次数が 0 である．よって，δ と同時に a_y が生じる．(b) や (c) は ω が 10 倍になるとゲインが $1/10^1$ になるので，相対次数が 1 である．よって，β_f や r は a_y のつぎに発生する．(d) は，ω が 10 倍になるとゲインが $1/10^2$ になるので，相対次数が 2 である．よって，β_r は β_f や r のつぎに発生する．$(C_f = 100~\mathrm{(m/s^2)/rad}$, $C_r = 200~\mathrm{(m/s^2)/rad}$, $l = 2.5~\mathrm{m}$, $l_r = 1.25~\mathrm{m}$, $V = 22.4~\mathrm{m/s}$, $k_n = 1$, $\omega_n/2\pi = 1.29~\mathrm{Hz})$

■ 7.2.4 第2段階の車両の動き方

この項では，第2段階の車両の動き方を具体的に述べる．第2段階の条件を表7.5に示す．第2段階では $\beta_r \approx 0$ なので，図7.2から，

$$-r \approx \dot{\beta}_r \tag{7.9}$$

となる†．よって，

$$r + \dot{\beta}_r \approx 0 \tag{7.10}$$

である．この式に V を掛けると，

$$V(r + \dot{\beta}_r) \approx 0 \tag{7.11}$$

である．この式の左辺は後輪位置の横加速度‡であり，それが0だから，「後輪は直線上を進む」．一方，表7.5より $r \neq 0$ だから，「車両は回転運動する」．したがって，第2段階では車両は，「直線上を進む後輪を中心に回転運動する」[4]．この計算例を図7.8に示す．この場合，操舵してから0.1秒間程度の間，後輪はほぼ直進する．したがって，図7.9に示すように $t = 0.1$ s のときの後輪は，操舵せずに初期条件のまま直進し続ける仮想の車両の後輪上にある．この動き方を**後輪まわりの回転運動**とよぶ．これが第2段階における車両の具体的な動き方である．なお，第1段階は，後輪まわりの回転運動と初期状態との中間的な状態であり，第3段階は，図3.4に示した前輪まわりの復原運動である．以上のように，過渡状態における車両の動き方は，初期状態から，後輪まわりの回転運動と前輪まわりの回転運動を経て定常状態に至るのである．

表7.5 過渡応答の第2段階における物理量

相対次数	条件
0	$\dot{\beta}_f \neq 0$
1	$\beta_f \neq 0,\ r \neq 0,\ \dot{\beta}_r \neq 0$
2	$\beta_r \approx 0$

---

† この式は，$\beta_r \approx 0$ と式 (3.40), (3.31) からも得られる．
‡ 座標系の原点 o の横加速度は $V(r + \dot{\beta})$ であり，β は o の横滑り角である．もし，o が後輪上にあるとすれば，o の横滑り角は β_r だから，後輪位置の横加速度は $V(r + \dot{\beta}_r)$ になる．

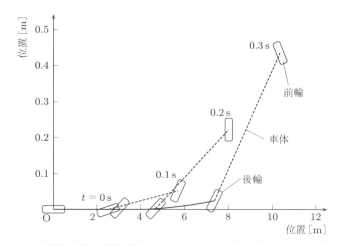

図 7.8 ステップ操舵直後の運動（地上固定座標系）：操舵直後，後輪は直進している．($C_\mathrm{f} = 100~(\mathrm{m/s^2})/\mathrm{rad}$, $C_\mathrm{r} = 200~(\mathrm{m/s^2})/\mathrm{rad}$, $l = 2.5$ m, $V = 22.4$ m/s, $\delta = 0.1$ rad)

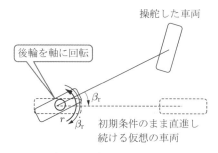

図 7.9 後輪まわりの回転運動（$t = 0.1$ s）：図 7.8 における操舵した車両を，初期条件のまま直進し続ける仮想の車両を基準に描いたものである．$t = 0$ 付近では，後輪を軸に回転する．

■ 7.2.5 後輪まわりの回転運動の継続時間

表 7.3 に，「リヤのコーナリングフォースが『すぐに』立ち上がる」との表現があった．『すぐに』とは，前輪が動いた（第 2 段階）後『すぐに』後輪が動く（第 3 段階）ことを指すので，第 2 段階から第 3 段階までの時間の短さを指している．

そこで，この時間の目安を式で表そう．後輪まわりの回転運動の角速度は，図 7.9 に示したように $\dot{\beta}_\mathrm{r}$ であり，$\dot{\beta}_\mathrm{r}$ が生じる原因は，図 7.6 に示したように $-r$ である．そこで，$-r$ に対する $2F_\mathrm{r}$ の伝達関数を求めよう（結論から知りたい方は，式 (7.13) にとんで頂きたい）．まず，$2F_\mathrm{r}$ は，後輪が負担する車両質量を m_r とすると，

7.2 操舵直後の車両の動き方

$$2F_\mathrm{r} = -C_\mathrm{r} m_\mathrm{r} \alpha_\mathrm{r} \tag{1.38:再}$$

であり，見かけの後輪スリップ角 α_r は，図 1.21(c) から，

$$\alpha_\mathrm{r} = \beta_\mathrm{r} \tag{1.27:再}$$

であった．ここで，β_r は後輪位置の車体横滑り角である．したがって，この二つの式から，

$$2F_\mathrm{r} = -C_\mathrm{r} m_\mathrm{r} \beta_\mathrm{r} \tag{4.13:再}$$

である．したがって，$-r$ に対する $2F_\mathrm{r}$ は

$$\frac{2F_\mathrm{r}}{-r} = \frac{-C_\mathrm{r} m_\mathrm{r} \beta_\mathrm{r}}{-r} = C_\mathrm{r} m_\mathrm{r} \frac{\left(\dfrac{\beta_\mathrm{r}}{\delta}\right)}{\left(\dfrac{r}{\delta}\right)} \tag{7.12}$$

となる．この式に，

$$\frac{\beta_\mathrm{r}}{\delta} = -\frac{C_\mathrm{f}}{l} \cdot \frac{1}{s^2 + \dfrac{C_\mathrm{f} + C_\mathrm{r}}{V} s + \dfrac{C_\mathrm{r}}{l} + \dfrac{C_\mathrm{f}}{l}\left(\dfrac{lC_\mathrm{r}}{V^2} - 1\right)} \tag{7.8:再}$$

$$\frac{r}{\delta} \approx \frac{C_\mathrm{f} C_\mathrm{r}}{k_\mathrm{N}^2 lV} \cdot \frac{\dfrac{V}{C_\mathrm{r}} s + 1}{s^2 + \dfrac{C_\mathrm{f} + C_\mathrm{r}}{k_\mathrm{N} V} s + \dfrac{C_\mathrm{r}}{k_\mathrm{N}^2 l} + \dfrac{C_\mathrm{f}}{k_\mathrm{N}^2 l}\left(\dfrac{lC_\mathrm{r}}{V^2} - 1\right)} \tag{3.76:再}$$

と $k_\mathrm{N} = 1$ を代入すると，

$$\frac{2F_\mathrm{r}}{-r} \approx C_\mathrm{r} m_\mathrm{r} \frac{\left(\dfrac{\beta_\mathrm{r}}{\delta}\right)}{\left(\dfrac{r}{\delta}\right)} = \frac{V}{C_\mathrm{r}} \frac{1}{\dfrac{V}{C_\mathrm{r}} s + 1} = T_r \frac{1}{T_r s + 1} \tag{7.13}$$

となる．ここで，T_r は式 (7.5) で定義されたヨー進み時定数である．時定数は，図 3.17 に示したように過渡状態の時間の長さの目安を表すから，ヨー進み時定数 T_r が，後輪まわりの回転運動が持続する時間の長さの目安を表すのである．T_r の大小の比較した結果を図 7.10 に示す．T_r が小さいほうがより早く旋回に入るので，後輪まわりの回転運動の持続時間が短い．したがって，T_r が小さいほど，ドライバはリヤコーナリングフォースがすぐに発生するように感じられるはずである．T_r を小さくするためには，式 (7.5) から C_r を大きくすることが有効である．

図 7.11 は，T_r をブロック線図上に示したものである．T_r は，r が生じてから β_r が生じるまでの時定数である．また，第 2 段階ではまだ $\beta_\mathrm{r} \to \dot{\beta}_\mathrm{f}$ のループが構成されないので，ヨー共振機構がはたらかない．そのため，第 2 段階で応答の早さを表す指標は，ω_n よりも T_r がより適する．

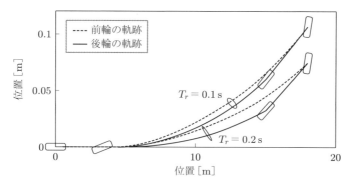

図 7.10 操舵直後 0.4 秒間の軌跡：T_r が小さいほうが，縦軸方向に早く動くので，公転が早く始まる．これが表 7.3 の「自転せずに公転する」ことに対応していると考えられる．したがって，T_r が小さいほどリヤグリップ感が向上する．（$C_f = 100$ (m/s^2)/rad, $C_r = 139$ ($T_r = 0.2$ s), 278 ($T_r = 0.1$ s) (m/s^2)/rad, $l = 2.5$ m, $V = 27.8$ m/s, $k_N = 1$. δ はどちらの場合も定常円旋回で $a_y = 1$ m/s^2 になるように選んだ．）

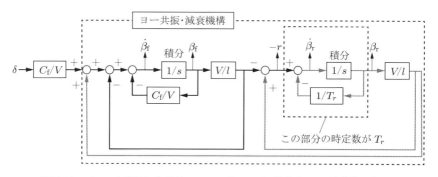

図 7.11 ブロック線図における T_r：T_r は，$-r$ に対する β_r の時定数である．

7.3　リヤコーナリングフォースを腰で感じるしくみ

　この節では，腰などの体幹で感じるリヤグリップ感について述べる．結論から先に述べると，「リヤのコーナリングフォースがすぐに立ち上がる」かのように感じる物理量は，横加速度 a_y の変化率の大きさであると考えられる[31]．この節では，まず，圧力の感じ方について述べた後，後輪コーナリングフォース $2F_r$ の生じるタイミングと a_y の変化率とのタイミングがだいたい合うことを述べる．そして最後に，a_y の変化率を大きくするための方法が，ヨー進み時定数 T_r を小さくすることであることについて述べる．

7.3.1 人が感じる2種類の圧力

操舵すると a_y が生じ，その慣性力によって腰などの体幹に圧力がかかる．体にかかる圧力の感覚を**圧覚**とよぶ．圧覚に関連する人体のセンサーには2種類ある．一つは圧力を感じるマイスナー小体とよばれるもので，これによって圧力に比例する a_y を感じる．もう一つは圧力の「変化」を感じ取る**パチニ小体**とよばれるものであり，これによって a_y の時間変化率に比例する**横加加速度** $\dot{a}_y$ を感じる．

過渡状態では，体幹の圧覚が変化するので，パチニ小体よって $\dot{a}_y$ を感じると考えられる．

7.3.2 $\dot{a}_y$ と $2F_r$ との関係

簡単のため，ドライバの着座位置は重心位置にあると仮定する．そのため，ドライバの横加速度も a_y，その変化率（横加加速度）も $\dot{a}_y$ である．図 7.5 に示したステップ操舵に対する a_y や $2F_r$ の応答を図 7.12 に，$\dot{a}_y$ を図 7.13 に示す．$2F_r$ の勾配が最大になるのは操舵後約 0.2 s であり，そのためこのとき $\dot{a}_y$ も最大になる．このように，$2F_r$ の増加タイミングと $\dot{a}_y$ のピークタイミングが対応するので，ドライバは $\dot{a}_y$ によって $2F_r$ の発生を感じると考えられるのである．

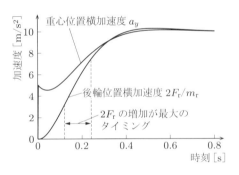

図 7.12　ステップ操舵時の a_y と $2F_r$（計算諸元は図 7.5 と同じである．）

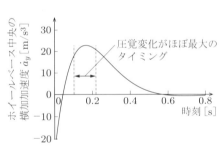

図 7.13　ステップ操舵時の $\dot{a}_y$（計算諸元は図 7.5 と同じである．）

7.3.3 $\dot{a}_y$ と T_r との関係

つぎに，リヤグリップ感の定量評価法の評価条件を表 7.6 に，その応答波形を図 7.14 に，評価指数を表 7.7 に示す．図 7.15 にこの操舵をしたときの T_r による $\dot{a}_y$ の違いを示す．T_r が小さいほうが $\dot{a}_y$ が大きい．

表7.6 リヤグリップ感の定量評価法(操舵条件)

物理量	条件
初期条件	直進
操舵法	sin 波
周波数	π rad/s (0.5 Hz)
舵角	$a_y = 2$ m/s² (定常状態) になる δ
操舵開始時刻	$t = 0$ s
車速	$V = 27.8$ m/s (100 km/h)

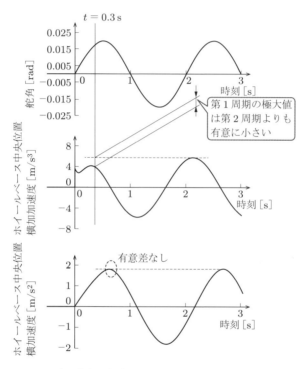

図7.14 リヤグリップ感の定量評価法における a_y と $\dot{a}_y$：第1周期の極大値に注目すると，過度応答の影響は a_y よりも $\dot{a}_y$ により強く現れる．したがって，車両による違いが $\dot{a}_y$ に現れやすい．

表7.7 リヤグリップ感の定量評価指標

想定する感覚	物理量
リヤグリップ感のよさ	$t = 0.3$ s のときの $\dot{a}_y$ の大きさ

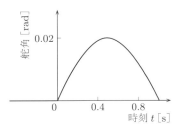 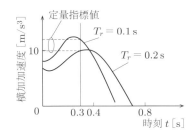

図 7.15　T_r が $\dot{a}_y$ に及ぼす影響：T_r が小さいほうが $\dot{a}_y$ のピーク値が大きい．（計算諸元は $C_\mathrm{f} = 100$ (m/s^2)/rad, $C_\mathrm{r} = 200$ (m/s^2)/rad, $l = 2.6$ m, $V = 27.8$ m/s（100 km/h），$k_\mathrm{N} = 1$ であり，操舵条件は表 7.6 と同じである．）

この理由は，つぎのとおりである．T_r が小さいほうが旋回が始まるタイミングが早い（図 7.16(a)）ために，a_y のピーク時刻が早くなる（図 (b)）．よって，原点から a_y のピークを結ぶ線の勾配（図 (b) の実線）が大きくなる．この線の勾配は，$\dot{a}_y$ の平均値である．したがって，T_r が小さいほうが $\dot{a}_y$ が大きくなるのである．

このように，T_r が小さいほど，a_y のピーク時刻が早く，$\dot{a}_y$ が大きくなり，圧覚変化も大きくなる．よって，T_r が小さいほどリヤコーナリングフォースがすぐに立ち上がる感覚が得られると考えられる．

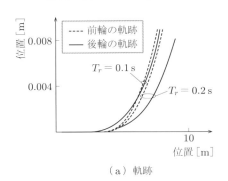 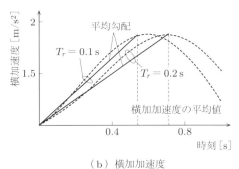

(a) 軌跡　　　　　　　　　　　(b) 横加速度

図 7.16　軌跡と a_y（計算諸元は図 7.15 と同じである．）

Column

表計算ソフトウェアによる車両運動シミュレーション

ヨー慣性半径係数 k_N が $k_\mathrm{N} = 1$ のとき，舵角 δ →前輪位置車体横滑り角 β_f →後輪位置車体横滑り角 β_r の順番に動くので，表計算ソフトウェアでも車両運動を簡単に計算できる．図 7.5 の計算に使ったソフトウェアの例を図 7.17 に示す．この計算には Microsoft Excel を使った．以下，この画面の説明をする．

C1 のセルには前輪の等価コーナリング係数 C_{f} を入力する．C2 のセルには後輪の等価コーナリング係数 C_{r} を入力する．C3 のセルには車速 V [m/s] を入力する．C4 のセルにはホイールベース l を入力する．以上が車両に関する条件である．

つぎに，微小な刻み時間 Δt ごとに分割して計算するための刻み時間 Δt を C5 に入力する．

A 列は計算のステップ数である．計算のステップを $n = 1, 2, 3, \cdots$ のように表す（これは説明のために設けた列であり，本来は不要である）．

C 列の灰色の部分（C7〜）は δ [rad] であり，所望の値を入れる．この例ではステップ入力である．

O2　　fx

	A	B	C	D	E	F	G	H
1		C_{f}	100	m/s^2				
2		C_{r}	200	m/s^2				
3		V	22.36	m/s				
4		ℓ	2.5	m				
5		Δt	0.003	s				
6	n	t[s]	δ	$\mathrm{d}\beta_{\mathrm{f}}/\mathrm{d}t$	β_{f}	$\mathrm{d}\beta_{\mathrm{r}}/\mathrm{d}t$	β_{r}	r
7	1	0	0	0	0	0	0	0
8	2	0.0030	0.01	0.0447227	0	0	0	0
9	3	0.0060	0.01	0.0429227	0.0001342	−0.0012	0	0.0012
10	4	0.0090	0.01	0.0411629	0.0002629	−0.002352	−3.6E−06	0.0023839
11	5	0.0120	0.01	0.039443	0.0003864	−0.003456	−1.07E−05	0.0035515
12	6	0.0150	0.01	0.0377628	0.0005048	−0.004515	−2.1E−05	0.0047026
13	7	0.0180	0.01	0.0361217	0.000618	−0.005528	−3.46E−05	0.0058369
14	8	0.0210	0.01	0.0345195	0.0007264	−0.006497	−5.12E−05	0.0069545
15	9	0.0240	0.01	0.0329559	0.00083	−0.007423	−7.06E−05	0.008055
16	10	0.0270	0.01	0.0314302	0.0009288	−0.008307	−9.29E−05	0.0091385
17	11	0.0300	0.01	0.0299423	0.0010231	−0.009151	−0.000118	0.0102047
18	12	0.0330	0.01	0.0284916	0.001113	−0.009954	−0.000145	0.0112537
19	13	0.0360	0.01	0.0270778	0.0011984	−0.010719	−0.000175	0.0122852
20	14	0.0390	0.01	0.0257003	0.0012797	−0.011445	−0.000207	0.0132994
21	15	0.0420	0.01	0.0243588	0.0013568	−0.012135	−0.000242	0.0142961
22	16	0.0450	0.01	0.0230528	0.0014298	−0.012788	−0.000278	0.0152753
23	17	0.0480	0.01	0.0217818	0.001499	−0.013407	−0.000316	0.016237
24	18	0.0510	0.01	0.0205454	0.0015643	−0.013991	−0.000357	0.0171812

図 7.17　表計算ソフトウェアによる図 7.5 の計算

灰色のセル B7 と E7，G7 は初期条件を設定するセルである．直進からの操舵応答を計算するときは，これらはすべて 0 にしておけばよい．

つぎに，D 列の計算について述べる．D 列は，$\dot{\beta}_{\mathrm{f}}(n)$ を式 (3.39) によって計算するものである．ここでは

$$\dot{\beta}_{\mathrm{f}}(n) = -\left(\frac{C_{\mathrm{f}}}{V} + \frac{V}{l}\right)\beta_{\mathrm{f}}(n) + \frac{V}{l}\beta_{\mathrm{r}}(n) + \frac{C_{\mathrm{f}}}{V}\delta(n) \tag{7.14}$$

とした．D8 の場合のセル内の数式は「=−($C$1/$C$3+$C$3/$C$4)*E8+$C$3/$C$4*G8+$C$1/$C$3*C8」である．

E列では $\dot{\beta}_\mathrm{f}$ を積分して β_f を求める．すなわち，

$$\beta_\mathrm{f}(n) = \dot{\beta}_\mathrm{f}(n-1)\Delta t + \beta_\mathrm{f}(n-1) \tag{7.15}$$

であり，E8 の場合のセル内の数式は「=D7*\$C\$5+E7」である．この数値積分法は前進オイラー法とよばれる計算法であり，計算法は単純だが積分誤差が大きいとされるので，Δt を十分小さくとる．F列は，$\dot{\beta}_\mathrm{r}(n)$ を式 (3.40) によって計算するものである．すなわち，

$$\dot{\beta}_\mathrm{r}(n) = -\left(\frac{C_\mathrm{r}}{V} - \frac{V}{l}\right)\beta_\mathrm{r}(n) - \frac{V}{l}\beta_\mathrm{f}(n) \tag{7.16}$$

であり，F8 の場合のセル内の数式は「$=-(\$C\$2/\$C\$3-\$C\$3/\$C\$4)*G8-\$C\$3/\$C\$4*E8$」である．G列では $\dot{\beta}_\mathrm{r}$ を積分して β_r を求める．ここでは

$$\beta_\mathrm{r}(n) = \dot{\beta}_\mathrm{r}(n-1)\Delta t + \beta_\mathrm{r}(n-1) \tag{7.17}$$

とした．G8 の場合のセル内の数式は「=F7*\$C\$5+G7」である．

D8〜G8 を $n=2$ 以降の行にコピーすることで，車両運動が計算できる．なお，D7 には D8 を，F7 には F8 をコピーしておく．ヨー角速度 r が必要な場合は，式 (3.31) から $r = V(\beta_\mathrm{f} - \beta_\mathrm{r})/l$ で計算する．この図の場合，r は H 列で計算している．H8 のセルの場合の式は「$=\$C\$3/\$C\$4*(E8-G8)$」である．なお，$\dot{r}$ は $\dot{r} = V(\dot{\beta}_\mathrm{f} - \dot{\beta}_\mathrm{r})/l$ で計算すればよい．

つぎに，前輪や後輪位置の横加速度の計算について述べる．この位置の横加速度の計算法は二つある．一つ目は，横加速度を直接計算する方法であり，前輪位置横加速度 $a_{y\mathrm{f}}$ の場合，$a_{y\mathrm{f}} = V(r + \dot{\beta}_\mathrm{f})$，後輪位置横加速度 $a_{y\mathrm{r}}$ の場合，$a_{y\mathrm{r}} = V(r + \dot{\beta}_\mathrm{r})$ として計算する．二つ目は，等価コーナリング係数から計算する方法であり，$a_{y\mathrm{f}} = -C_\mathrm{f}(\beta_\mathrm{f} - \delta)$，$a_{y\mathrm{r}} = -C_\mathrm{r}\beta_\mathrm{r}$ である．

最後に，重心位置車体横滑り角 β について述べる．β の計算方法は 2 種類ある．一つは荷重配分比を使って β_f と β_r の加重平均から求める方法であり，$\beta = (m_\mathrm{f}/m)\beta_\mathrm{f} + (m_\mathrm{r}/m)\beta_\mathrm{r}$ もしくは $\beta = (l_\mathrm{r}/l)\beta_\mathrm{f} + (l_\mathrm{f}/l)\beta_\mathrm{r}$ である．ここで，m_f/m や l_r/l は前輪荷重配分比，m_r/m や l_f/l は後輪荷重配分比である．また，m_f と m_r は前輪と後輪が負担する車両質量であり，m は車両質量である．また，l_f と l_r はそれぞれ前輪〜重心間距離と重心〜後輪間距離であり，l はホイールベースである．もう一つは，r を使う方法であり，$\beta = l_\mathrm{r}r/V + \beta_\mathrm{r}$ または $\beta = -l_\mathrm{f}r/V + \beta_\mathrm{f}$ とする．なお，$\dot{\beta}$ を求める際は，これらの式の両辺をそのまま微分すればよい．たとえば，$\dot{\beta} = l_\mathrm{r}\dot{r}/V + \dot{\beta}_\mathrm{r}$ である．

重心位置の横加速度 a_y も 2 種類の方法がある．一つは荷重配分比（この表にはない）を使って，$a_{y\mathrm{f}}$ と $a_{y\mathrm{r}}$ の加重平均から求める方法であり，たとえば，$a_y = (m_\mathrm{f}/m)a_{y\mathrm{f}} + (m_\mathrm{r}/m)a_{y\mathrm{r}}$ もしくは $a_y = (l_\mathrm{r}/l)a_{y\mathrm{f}} + (l_\mathrm{f}/l)a_{y\mathrm{r}}$ となる．もう一つは加速度を直接求める方法であり，$a_y = V(r + \dot{\beta})$ である．

第8章
手で感じるハンドルからの力

物体の感触を知ろうとするとき，腰や尻，背中に物体を当てたりせずに，手で撫でるだろう．その理由は，手の圧覚変化が最も敏感だからである．したがって，「手で感じるハンドルからの力」の変化も，ハンドルを切るときの気持ちよさにも強く影響する．さらに，「手で感じるハンドルからの力」の変化によってリヤグリップ感を感じることもできる．

そこでこの章では，まず操舵直後にリヤグリップ感を手で感じるしくみについて述べ，つぎにハンドルの角度とハンドルからの力とのタイミングの差について，最後にハンドルから感じる力の評価尺度について述べる．なお，この章でも，ドライバが角度だけでハンドルを操作するポジションコントロールを仮定する．

8.1 操舵直後の操舵反トルク

この節では，表7.1に示す「手で感じるリヤグリップ感」について述べるために，まず，リヤグリップ感を損なう後輪まわりの回転運動と「手で感じるハンドルからの力」との関係を述べ，つぎに，手で感じるハンドルからの力によって尻振モードがわかることを述べ，最後に，ハンドルからの力とヨー進み時定数 T_r との関係について述べる．

ハンドルから手に伝わる力を**操舵反トルク**†とよぶ．操舵反トルクは，前輪コーナリングフォースを $2F_f$，トレールを ξ と記すと，$-2\xi F_f$ である．ここで，

$$-2\xi F_f = -2\xi K_f \alpha_f = 2\xi K_f(\delta - \beta_f) \tag{8.1}$$

だから，操舵反トルクは $\delta - \beta_f$ に比例する（K_f は前輪等価コーナリングパワ，α_f は前輪の見かけのスリップ角，δ は舵角，β_f は前輪位置の車体横滑り角である）．そこで，簡単のため，$\delta - \beta_f$ を操舵反トルクとする．

つぎに，ドライバは δ に比例した操舵反トルクを予想すると仮定すると，予想と実際の操舵反トルクの差

---

† 操舵「反」トルクのように「反」がつく理由は，ポジションコントロールを仮定しているために，操舵はハンドルの角度によって行われ，その結果生じるからである．

$$\delta - (\delta - \beta_{\mathrm{f}}) = \beta_{\mathrm{f}} \tag{8.2}$$

が操舵反トルクに対する予想外の量を表すことになる．操舵反トルクの抜けと後輪まわりの回転運動の対応例を図 8.1 に示す．操舵した瞬間は予想どおりの操舵反トルクが生じるのに，その直後に操舵反トルクが減り，その後再び予想どおりの操舵反トルクが生じる．この操舵反トルクの一時的な減少は，パチニ小体によって，操舵反トルクが抜けるかのような感覚をドライバに与えると考えられる．そこでこの節では，β_{f} を**操舵反トルクの抜け**とよぶ．

また，ドライバが手で感じているとされる後輪コーナリングフォース $2F_{\mathrm{r}}$ は，後輪位置車体横滑り角 β_{r} に比例する．そこで，β_{r} と β_{f} との関係について述べる．両者には，ヨー慣性半径係数が $k_{\mathrm{N}} \approx 1$ だから，

$$\dot{\beta}_{\mathrm{r}} = -\left(\frac{C_{\mathrm{r}}}{V} - \frac{V}{l}\right)\beta_{\mathrm{r}} - \frac{V}{l}\beta_{\mathrm{f}} \tag{3.40：再}$$

の関係にある（C_{r} は後輪の等価コーナリング係数，V は車速，l はホイールベースである）．この式の右辺第 1 項が 0 になる条件は，

$$\beta_{\mathrm{r}} = 0 \tag{8.3}$$

のときか，

$$\frac{C_{\mathrm{r}}}{V} - \frac{V}{l} = 0 \tag{8.4}$$

のときである．図 7.4 に示す直進からの操舵の第 0～2 段階では $\beta_{\mathrm{r}} \approx 0$ だから，式 (8.3) に該当する．よって，式 (3.40) は

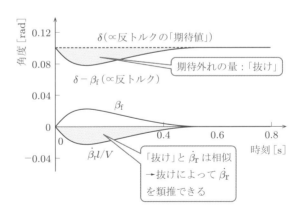

図 8.1 操舵反トルクの抜けと β_{r} との関係：図 7.9 の場合の反トルクに比例する $\delta - \beta_{\mathrm{f}}$ によって β_{r} を類推できる．この図では $\beta_{\mathrm{r}} \approx (l/V)\dot{\beta}_{\mathrm{r}}$ であるが，等号が成り立つのは $V = \sqrt{lC_{\mathrm{r}}}$ のときである．（$C_{\mathrm{f}} = 100$ (m/s²)/rad, $C_{\mathrm{r}} = 200$ (m/s²)/rad, $l = 2.6$ m, $V = \sqrt{lC_{\mathrm{r}}} = 22.4$ m/s（約 80 km/h），$k_{\mathrm{N}} = 1$）

$$\beta_{\mathrm{f}} \approx -\frac{l}{V}\dot{\beta}_{\mathrm{r}} \tag{8.5}$$

となり，β_{f} が $\dot{\beta}_{\mathrm{r}}$ に比例する．したがって，操舵反トルクの抜けの大きさが，後輪まわりの回転運動の大きさに比例するのである．ただし，両者の因果関係は，操舵反トルクの抜けが原因であり，後輪まわりの回転運動が結果である（図 7.11 参照）．したがって，「操舵反トルクの抜けによって，後輪まわりの回転運動がわかる」のではなく，「後輪まわりの回転運動を起こす過度操舵をしたことが，操舵反トルクの抜けによってわかる」のである．

図 8.2 に，β_{f} と $\dot{\beta}_{\mathrm{r}}$ の関係を示す．$\dot{\beta}_{\mathrm{r}}$ が大きいほど，後輪が直進し続けるため，前後輪の軌跡差は大きくなるので，β_{f} も大きくなる．後輪まわりの回転運動が大きいため，このように操舵反トルクの抜けによって後輪の運動がわかる．その精度は，式 (8.4) が成り立つ $V = \sqrt{lC_{\mathrm{r}}}$（約 80 km/h）のときが最も高い．

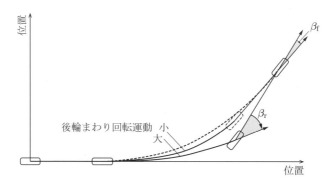

図 8.2 軌操舵反トルクの抜けと後輪まわりの回転運動との関係：この図は C_{r} が大きい場合と小さい場合それぞれについての前後輪の軌跡差を見やすくするために，前輪の軌跡を合わせたものである．後輪まわりの回転運動が小さいほど，β_{f} も小さくなる．なお，前輪の軌跡は厳密には一致しない．

8.2 操舵反トルクによる尻振りモードの知覚

この節では，操舵反トルクの抜けを表す β_{f}（前輪位置車体横滑り角）と図 4.10 に示した尻振りモードとの関係について述べる．そのために，sin 操舵を想定する．

横軸が舵角 δ，縦軸が操舵反トルク $\delta - \beta_{\mathrm{f}}$ の図を使って，操舵反トルクの応答を表すことがある．そこで，これを想定した横軸 (δ) と縦軸 ($\delta - \beta_{\mathrm{f}}$) の図での応答例を図 8.3 に示す．この平面では，応答の楕円の面積が大きいほど δ と $\delta - \beta_{\mathrm{f}}$ とのタイミングのずれが大きく，両者が同期するときは一直線になる．

つぎに，δ と $\delta - \beta_{\mathrm{f}}$ とが同期する条件を求めよう．いま，$s = j\omega$（s は微分の記号，

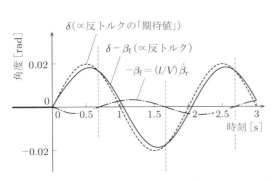
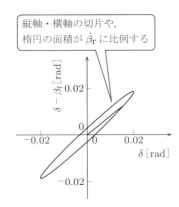

図 8.3　sin 操舵時の操舵反トルクの抜け（$C_f = 100$ (m/s²)/rad，$C_r = 200$ (m/s²)/rad，$l = 2.6$ m，$V = \sqrt{lC_r} = 22.4$ m/s（約 80 km/h），$k_N = 1$）

j は虚数単位，ω は角周波数）として周波数領域で考える．舵角に対する操舵反トルクの周波数応答関数 $(\delta - \beta_f)/\delta$ の位相が負になる条件を調べるために，この周波数応答関数の虚部が 0 になる ω を求めると，式 (4.30) になる．よって，$(\delta - \beta_f)/\delta$ の位相が負になる領域は図 4.10 の尻振りモード領域と一致する．したがって，舵角に対する操舵反トルクの遅れによって，尻振りモードが感じ取れるのである．この理由はつぎのとおりである．尻振りモードでは前輪よりも後輪が大回りするため，図 8.2 に示したように，β_r が生じたとき，前輪の見かけのスリップ角が増える側に，β_f が生じる．ただし，β_r は β_f よりも遅れて生じる．そのため，尻振りモードは，前輪のコーナリングフォースを「遅れ」て増やすのである．

つぎに，$(\delta - \beta_f)/\delta$ の位相と車速 V との関係を考えよう．$\omega \approx 0$ のときの位相が 0 になる条件は，式 (4.32) で表される $V_{s0} = \sqrt{lC_r/2}$（l はホイールベース，C_r は後輪等価コーナリング係数）である．したがって，$\omega \approx 0$ の操舵では $V = V_{s0}$ のとき，δ と $\delta - \beta_f$ とが同期する．この確認例を図 8.4 に示す．

ここまで定常的な sin 操舵を考えてきたが，最後に過渡的な操舵における操舵反トルクの抜けを減らす方法を述べる．操舵反トルクの抜けは後輪位置車体横滑り角速度 $\dot{\beta}_r$ に比例し（式 (8.5)），$\dot{\beta}_r$ の継続時間の目安はヨー進み時定数 T_r であった（式 (7.13)）．したがって，T_r を減らすほど，操舵反トルクの抜けも減る．その例を図 8.5 に示す．

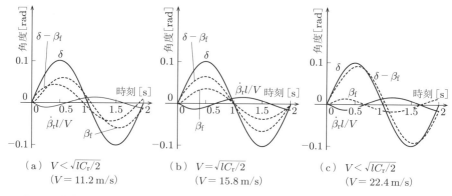

図 8.4 操舵反トルクの抜けの車速依存性（$C_\mathrm{f} = 100\ \mathrm{(m/s^2)/rad}$, $C_\mathrm{r} = 200\ \mathrm{(m/s^2)/rad}$, $l = 2.6\ \mathrm{m}$, $V = \sqrt{lC_\mathrm{r}} = 22.4\ \mathrm{m/s}$（約 80 km/h）, $k_\mathrm{N} = 1$）：(b) では δ と $\delta - \beta_\mathrm{f}$ がほぼ同期する．(a) では $\delta - \beta_\mathrm{f}$ が δ よりも進み，(c) では遅れる．

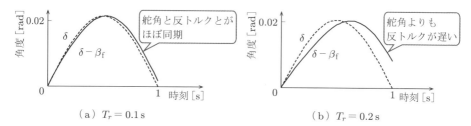

図 8.5 操舵反トルクの抜けに T_r が及ぼす影響：T_r が小さいほうが抜けが小さい．($C_\mathrm{f} = 100\ \mathrm{(m/s^2)/rad}$, $l = 2.6\ \mathrm{m}$, $k_\mathrm{N} = 1$)

8.3 操舵反トルクの評価法

気持ちよく自動車を曲げるためには，操舵反トルクと舵角，横加速度の相互関係を適切に設定する必要がある．この相互関係には，いわば「陸上十種競技」のように多様な指標がある．そこで本節では，多様な指標をもつ Norman 指標[33]について述べる．

■ 8.3.1 測定方法

ポジションコントロールを心掛けて sin 操舵を行い，その定常応答部分を使って評価する．Norman 指標の測定条件を表 8.1 に示す†．

つぎに，測定項目を表 8.2 に示す．この評価法では $a_y \approx Vr/9.8$（a_y は横加速度，V は車速，r はヨー角速度）として横加速度を求め，その単位を重力加速度 g で表す．

---

† ISO13674-1 "Road vehicles - Test method for the quantification of on-centre handling - Part 1: Weave test" も参考になる．

表 8.1　Norman の指標測定条件

物理量	条件
操舵方式	ポジションコントロールを心掛ける
操舵波形	sin 操舵（定常応答）
横加速度 a_y	±0.2g
操舵周波数	0.2 Hz
車速 V	27.8 m/s (100 km/h)

表 8.2　Norman 指標における測定項目

物理量	単位
舵角 δ	deg
操舵反トルク T_{hr}	Nm
ヨー角速度 r	rad/s
車速 V	m/s

r を使って a_y を求める理由は，車体に固定した加速度計に含まれるロール角 ϕ による重力加速度成分 ϕg を除去する必要がないからである．もちろん，この方法で求めた a_y は実際の a_y とタイミングが異なる．

■ 8.3.2　評価指標[†]

横加速度と舵角の測定結果を，図 8.6 のように整理する．この図の中には評価指標が三つある．一つ目として，横加速度 0.1g における傾きを $SS_{0.1}$ と記し，$100/SS_{0.1}$ を "steering sensitivity at 0.1g" とよぶ．これは定常円旋回における a_y/δ（δ は舵角）の値を想定した指標である．ただし，定常円旋回で測定した値よりもいくぶん小さめになるとされる．二つ目として，±0.1g の範囲での最大の傾きを MSS と記し，$100/MSS$ を "minimum steering sensitivity" とよぶ．"minimum steering sensitivity" が "steering sensitivity at 0.1g" よりも小さくなる原因は，操舵系剛性やパワステアリングのパワーアシスト力などの非線形性などに起因するとされる．三つ目として，図 8.6 の閉曲線内の ±0.1g の範囲の面積を求め，それを 0.2g で割った値を SH とし，SH を "steering hysteresis" とよぶ．さらに，この図には表されないが，$\delta=0$ になる時刻と $r=0$ になる時刻との差を "yaw rate lag time" とよぶ．"steering hysteresis" と "yaw rate lag time" はどちらも，δ に対する r の遅れを表す指標である．

つぎに，操舵反トルクと横加速度との関係を図 8.7 に示す．横加速度が増えるにつれて操舵反トルクの傾きが減るのは，パワーアシスト力が累進的に増加するためである．図 8.7 には指標が五つある．一つ目は，操舵反トルクが 0 のときの横加速度 LA_0 で，これを "returnability" とよぶ．これは手放し時のハンドルの戻りを想定した指標である．なぜなら，たとえば，車線変更が終わる直前のハンドルを中立位置に戻しつつある場面で，横加速度が LA_0 のときに手を放すと，ハンドルはほぼその位置に止まったままなので，横加速度 LA_0 で旋回することが想定されるからである．二つ目

[†] Norman 指標の名称については適当な和訳がないため，原文のとおりに記す．

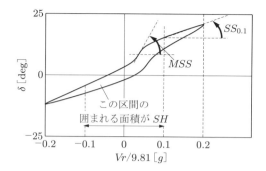

図 8.6 横加速度 Vr と舵角 δ との関係

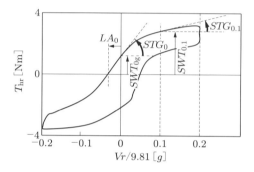

図 8.7 横加速度 Vr と操舵反トルク T_{hr} との関係

は,横加速度が 0 のときの操舵反トルク SWT_{0g} で,これを "steering wheel torque at 0g" とよぶ.これは操舵系の摩擦を想定した指標である.三つ目は,横加速度が 0 のときの勾配 STG_0 で,これを "steering torque gradient at 0g" とよぶ.この指標は,いわゆる「ロードフィール」や「ダイレクト感」に関連し,キャスタトレールやオーバーオールステアリングギヤ比の影響を受けるとされる.四つ目は,横加速度が $0.1g$ のときの操舵反トルク $SWT_{0.1}$ で,これを "steering wheel torque at 0.1g" とよぶ.これは舵の重さの指標である.五つ目は,横加速度が $0.1g$ のときの勾配 $STG_{0.1}$ で,これを "steering torque gradient at 0.1g" とよぶ.これは直進から少しそれた状態での「ロードフィール」の指標である.この勾配が大きいほど,舵を切り増ししたときの操舵反トルクが増えるが,その分,舵は重くなる.

舵角と操舵反トルクとの関係を図 8.8 に示す.この図の中に指標は二つある.一つ目として,舵角が 0 のときの勾配 SS_0 を "steering stiffness" とよぶ†.この指標は,

---

† SS_0 の単位は Nm/deg なので,回転剛性と同じ次元をもつため,"steering stiffness" とよばれるが,剛性感自体を表すわけではないとされる.

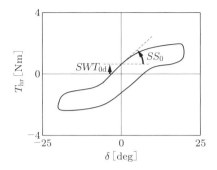

図 8.8 舵角 δ と操舵反トルク T_{hr} との関係

「正確な操舵をしようとするとき」の「手で感じるハンドルからの力」を表すとされる．ただし，この指標は，「リラックスした状況下」には適用できないとされる[†]．二つ目は，舵角が 0 のときのトルク SWT_{0d} である．

図 8.9 に横加速度と "steering work gradient" (SWG) との関係を示す．横加速度 0 のときの勾配 SWS を "steering work sensitivity" とよぶ．この指標は steering sensitivity と steering torque gradient とのバランスの目安である．たとえば，ある旋回をするときに，とても軽い (steering torque gradient が非常に小さい) ハンドルをほんの少し回す (steering sensitivity が非常に大きい) だけでこと足りる場合，ハンドルを回し過ぎてしまいがちであろう．逆に重いハンドルをたくさん回す場合，ハンドルの回転が不足しがちであろう．これらのバランスの目安を大雑把に表す物理量として，「ハンドルの重さ×ハンドルの操作量＝仕事」を用いる．そこで，ドライバがハンドルにする仕事 SW を定義しよう．回転運動の仕事は「トルク×回転角」で

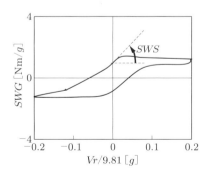

図 8.9 横加速度 Vr と SWG との関係：
縦軸の SWG は図 8.10 によって規定される．

[†] リラックスした状況下では，フォースコントロール主体の操舵になるためと思われる．

表されるので，SW は

$$SW = \int T_{\mathrm{hr}} \mathrm{d}\delta \tag{8.6}$$

で定義される．SW と横加速度との関係の概念図を図 8.10 に示す．操舵周期を重ねるごとに SW は増えるので，SW 自体は指標には適さないが，SW の傾きは操舵周期に関係ない．そこで SW の代わりに，各横加速度における SW の勾配 steering work gradient (SWG) を

$$SWG = \frac{\partial SW}{\partial (Vr)} \tag{8.7}$$

と定義する．SWG と横加速度との関係を図示したものが，冒頭の図 8.9 である．このように SWS は steering sensitivity と steering torque gradient とのバランスを表す．

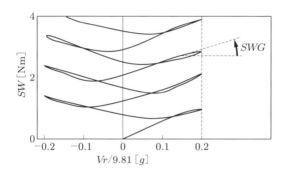

図 8.10 横加速度 Vr と SW との関係：SWG は，それぞれの横加速度における SW の傾きである．

以上の指標と，その値の目安を表 8.3 に示す．この表には二つの複合指標が含まれる．その一つは "steering torque gradient ratio" であり，これはパワーアシスト力の大きさが強く表れる指標であるとされる．この値が大きいと「ヨーが急に増える」，「ヨーが操舵よりも先行する」などの感覚を受けることがある．もう一つは "Steering sensitivity ratio" であり，これには操舵系剛性の非線形性が表れるとされる．

■8.3.3　準静的な操舵反トルクの設定法

Norman 指標は，表 8.3 に示される指標群である．Norman 指標を用いた開発プロセスを図 8.11 に示す．まず，表 8.3 の各指標を理解し，自社車や競合車の各指標を測定するとともに，**分析的官能評価**能力も身に着ける．分析的官能評価とは，ある車両を官能評価して，その結果を表 8.3 の各指標の大小で表現することである[35]．これらが準備段階である．

表 8.3 Norman 法の評価指標：目安は，パワステアリング装着車の分布を用いた．

指標	算出法	目安	単位	図
steering sensitivity at $0.1g$	$100/SS_{0.1}$	$1.2 \sim 1.5$	g/100deg	8.6
minimum steering sensitivity	$100/MSS$	$0.7 \sim 0.9$	g/100deg	8.6
steering sensitivity ratio	$SS_{0.1}/MSS$	$0.55 \sim 0.7$	無次元	8.6
steering hysteresis	$SH/0.2g$	$4 \sim 6$	deg	8.6
yaw rate lag time	δ と r の時間差	$0.04 \sim 0.08$	s	なし
returnability	LA_0	$-0.045 \sim -0.07$	g	8.7
steering wheel torque at $0g$	SWT_{0g}	$0.8 \sim 1.2$	Nm	8.7
steering torque gradient at $0g$	STG_0	$19 \sim 22$	Nm/g	8.7
steering wheel torque at $0.1g$	$SWT_{0.1}$	$2.6 \sim 3.0$	Nm	8.7
steering torque gradient at $0.1g$	$STG_{0.1}$	$10 \sim 13$	Nm/g	8.7
steering torque gradient ratio	$STG_0/STG_{0.1}$	$1.2 \sim 2.7$	無次元	8.7
steering wheel torque at 0 deg	SWT_{0d}	$0.55 \sim 0.8$	Nm	8.8
steering stiffness at 0 deg	SS_0	$0.19 \sim 0.24$	Nm/deg	8.8
steering work sensitivity	SWS	$2.9 \sim 4.2$	g^2/100Nm	8.9

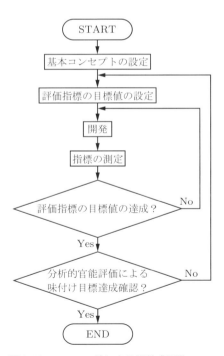

図 8.11 Norman 法による操舵感開発フロー

つぎに，基本コンセプトを設定し，Norman 指標で表現する．たとえば，軽快な操舵反トルクを作るために，（分布の中で）「軽めの舵を少し回し，操舵仕事を下限にして，トルク勾配の変化を小さめ」(steering torque gradient 小かつ steering sensitivity 小，steering work sensitivity 下限，steering torque gradient ratio 小）のように，各指標の分布の中のおよその位置を決める．このとき，社内各部署が目標イメージを共有することが必要である．

そのつぎに，参考車両の各指標をもとにして，目標値の範囲を設定する．さらに，それらの目標値を達成するように，おもにパワーステアリング系のパワーアシスト力の設定を行い，指標を測定する．指標が未達成の場合，再度設定をやり直す．指標が達成された場合は，分析的官能評価を行い，基本コンセプトが実現されていることを確認する．これが未達成の場合，指標の各目標値を設定し直し，再度開発する．

以上のプロセスを，目標を達成するまで繰り返すことによって，基本コンセプトに準じた操舵反トルク特性が実現できるのである．

Column

Norman 指標の拡張

Norman の評価法を発展させた評価法がいくつか提案されている．ここでは Higuchi らによる Norman 指標の拡張[34]について述べる．

表 8.2 の測定項目のほかに，ロール角 ϕ と重心位置の横加速度 a_y も測定し，a_y はロール角による重力成分は除去したものとする．

a_y と ϕ から得られる指標は二つある．

一つ目は r と a_y との時間差である．この時間差（ヨー角速度 r は a_y よりも早い）は小さいほうがよいとされる．その理由について述べる．式 (1.63)，(1.64) から a_y/r の伝達関数を求め，さらに，この試験条件をゆっくりとした操舵とみなして，伝達関数の s^2 の項を無視すると，

$$\frac{a_y}{r} \approx \frac{1 + \frac{l_r}{V}s}{1 + \frac{V}{C_r}s}V \approx \frac{1}{1 + \left(\frac{V}{C_r} - \frac{l_r}{V}\right)s}V \tag{8.8}$$

となるので，r と a_y との時間差はおおむね，$V/C_r - l_r/V$ によって決まる．ここで，l_r は，車両の基本計画によって決まるため，変更の余地がないとすると，r と a_y との時間差は V/C_r によって決まる（V は車速，C_r は後輪等価コーナリング係数，l_r は重心～後輪間距離）．V/C_r はヨー進み時定数 T_r であるから，r と a_y との時間差が小さいほど T_r も小さい．したがって，この時間差から過渡応答における，後輪まわりの回転運動の大小の察しがつく．

二つ目の指標は a_y と ϕ との時間差である．この時間差には適値があるとされる．

第9章
手で感じるハンドルの動き

　トルクだけで操舵することを**フォースコントロール**とよんだ（表 2.1）．この章では，フォースコントロール下の操舵応答として，トルクに対する二種類の車両応答について述べる．一つ目は，ハンドルなどの操舵系の応答である．もう一つは，ポジションコントロールでいうところの車両の応答である．ただし，操舵系も車両の一部であるから，この章では，車両から操舵系を除いた部分を**車体系**と記す．

　この章の目的は二つある．

　一つ目は，「手で感じるハンドルの動き[35]」の性質を知ることである．その一例は，前章で述べた指標 returnability である．この指標は，ハンドルに加える力を緩めたときのハンドルの戻りを想定している．

　二つ目は，フォースコントロール下の「腰で感じる車の動き」を表すことである．ドライバはトルクと角度を使って操舵するので，自動車を「気持ちよく曲げる」ためには，ポジションコントロール下の「腰で感じる車の動き」だけでなく，フォースコントロール下の「腰で感じる車の動き」も，より向上させる必要があるからである．

　しかも，手の位置決めの分解能は数 mm〜数十 mm 程度とされる[55]ので，少なくともハンドルの中立位置付近ではフォースコントロールが主体になると考えられる．またポジションコントロールで，これ以上に大きくハンドルを回すときでも，狙った角度ぴったりでハンドルを止めるには，最後の数 mm〜数十 mm はフォースコントロールを併用せざるを得ない．これら二つの場面は，操縦性の評価対象になりやすい場面であるから，気持ちよく曲げるためにはフォースコントロール下の応答も重要であると考えられる．

　この章の構成は，まず運動方程式について，つぎにフォースコントロール下で不安定になる現象について，さらにフォースコントロール下の固有振動数と速応性について，最後に操舵系の減衰の適値について述べる．

9.1 フォースコントロール下の運動方程式

フォースコントロール下の運動方程式は，ポジションコントロール下の車両の運動方程式と，フォースコントロール下の操舵系の運動方程式を連立させた式である．この節では，まず操舵系の動的な性質について述べ，つぎに操舵系の運動方程式を導く．

■ 9.1.1 操舵系の表し方

フォースコントロールでは，操舵系を図 9.1 のように表す．この図と図 1.19 との違いは二つある．一つ目の違いは，ハンドルにトルクを加えることによって操舵することである．このトルクを**操舵トルク**とよび，T_h と記す．操舵トルクの単位は Nm である．二つ目の違いは，図 9.1 にはハンドルの慣性モーメントや減衰係数が考慮されていることである．この慣性モーメントを**ハンドル慣性モーメント**とよび，I_h と記す．I_h の単位は kgm^2 である．I_h はキングピン軸からみた慣性モーメントである．本書では簡単のために，オーバーオールギヤ比を 1 としているので，I_h を求めるためには，ハンドルの慣性モーメント I_{h0} にオーバーオールギヤ比 N を加味しておく必要がある．

$$I_h = N^2 I_{h0} \tag{9.1}$$

として求める．一般に，I_{h0} は 0.03〜0.04 kgm^2 程度であり，N^2 は 300 程度であるから，I_h は 10 kgm^2 程度である．つぎに，**操舵系減衰係数**を D_h と記す．D_h の単位は (Nm)/(rad/s) である．ξ は，パワーアシスト力を加味したトレール長である．なお，操舵系剛性 G_{st} は，これまでどおり等価コーナリング係数に加味しておく．

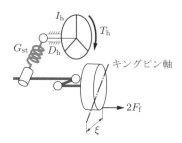

図 9.1　フォースコントロール下の操舵系モデル

■ 9.1.2 操舵系の運動方程式

回転運動の運動方程式は「慣性モーメント×角加速度＝モーメント」だから，操舵系の運動方程式は

$$I_h \ddot{\delta} = -2\xi F_f - D_h \dot{\delta} + T_h = 2\xi K_f (\beta_f - \delta) - D_h \dot{\delta} + T_h \tag{9.2}$$

9.2 フォースコントロールにおいて安定であるための条件　139

となる．ここで，δ は舵角，ξ はトレール，$2F_\mathrm{f}$ は前輪コーナリングフォース，$2K_\mathrm{f}$ は前輪等価コーナリングパワ，β_f は前輪位置の車体横滑り角である．なお，β_f は式 (1.52) で表される．式 (9.2) の両辺を I_h で割ると，

$$\ddot{\delta} = \frac{2\xi K_\mathrm{f}}{I_\mathrm{h}}(\beta_\mathrm{f} - \delta) - \frac{D_\mathrm{h}}{I_\mathrm{h}}\dot{\delta} + \frac{T_\mathrm{h}}{I_\mathrm{h}} \tag{9.3}$$

となる．この式の右辺第 1 項の係数の平方根を，

$$\omega_\mathrm{S} = \sqrt{\frac{2\xi K_\mathrm{f}}{I_\mathrm{h}}} \tag{9.4}$$

と記す．ω_S は操舵系単体の固有振動数である．この式を式 (9.3) に用いると，

$$\ddot{\delta} = \omega_\mathrm{S}{}^2(\beta_\mathrm{f} - \delta) - \frac{D_\mathrm{h}}{I_\mathrm{h}}\dot{\delta} + \frac{T_\mathrm{h}}{I_\mathrm{h}} \tag{9.5}$$

となる．これが操舵系の運動方程式である．

この式には $\beta_\mathrm{f} = \beta + l_\mathrm{f} r/V$ が含まれるために，この式はポジションコントロール下の運動方程式

$$V(r + \dot{\beta}) = -\left(\frac{l_\mathrm{r}}{l}C_\mathrm{f} + \frac{l_\mathrm{f}}{l}C_\mathrm{r}\right)\beta - \frac{l_\mathrm{f} l_\mathrm{r}}{lV}(C_\mathrm{f} - C_\mathrm{r})r + \frac{l_\mathrm{r}}{l}C_\mathrm{f}\delta \tag{1.63：再}$$

$$k_\mathrm{N}{}^2 \dot{r} = -\frac{1}{l}(C_\mathrm{f} - C_\mathrm{r})\beta - \left(\frac{l_\mathrm{f}}{lV}C_\mathrm{f} + \frac{l_\mathrm{r}}{lV}C_\mathrm{r}\right)r + \frac{1}{l}C_\mathrm{f}\delta \tag{1.64：再}$$

との連立方程式である．ここで，C_f と C_r は前後輪の等価コーナリング係数，V は車速，β は重心位置車体横滑り角，l はホイールベース，l_f は前輪〜重心間距離，l_r は重心〜後輪間距離，k_N はヨー慣性半径係数である．

9.2　フォースコントロールにおいて安定であるための条件

ポジションコントロールと同様に，フォースコントロール下でも，車両が不安定になることがある．そこでこの節では，フォースコントロール下の安定条件について述べる．なお，この節では操舵系減衰 D_h は 0 とする（先を急ぐ読者は，式 (9.19) にとんで頂きたい）．

■ 9.2.1　特性方程式

まず，特性方程式の求め方について述べる．式 (3.76) と式 (3.14) とを比較すると，式 (3.76) の分母を 0 としたものが，特性方程式である式 (3.14) になることがわかる．よって，一般に，入力に対する車両応答の伝達関数を求め，その分母を 0 とすることで特性方程式が求められる．

フォースコントロールの場合，入力は操舵トルク T_h であり，車両応答の一つはヨー角速度 r だから，r/T_h を，式 (9.5)，(1.63)，(1.64) から求めると，

$$\frac{r}{T_h} \approx \frac{C_f C_r}{k_N{}^2 l V I_h} \cdot \frac{\frac{V}{C_r}s + 1}{s^4 + A_3 s^3 + A_2 s^2 + A_1 s + A_0} \tag{9.6}$$

となる．ここで，ω_S は操舵系単体の固有振動数，C_f と C_r はそれぞれ前後輪の等価コーナリング係数，k_N はヨー慣性半径係数，l はホイールベース，V は車速である．ここで，

$$A_3 \simeq \frac{C_f + C_r}{k_N V} \tag{9.7}$$

$$A_2 = \frac{C_r}{k_N{}^2 l} + \frac{C_f}{k_N{}^2 l}\left(\frac{l C_r}{V^2} - 1\right) + \omega_S{}^2 \tag{9.8}$$

$$A_1 \simeq \omega_S{}^2 \frac{C_r}{k_N V} \tag{9.9}$$

$$A_0 = \omega_S{}^2 \frac{C_r}{k_N{}^2 l} \tag{9.10}$$

であり（式 (9.7)，(9.9) の両辺が等式で結ばれるのは $k_N = 1$ のときである），式 (9.6) の分母を 0 とした

$$s^4 + A_3 s^3 + A_2 s^2 + A_1 s + A_0 = 0 \tag{9.11}$$

が，フォースコントロール下の特性方程式である．

■9.2.2 条件式

式 (9.11) は s の 4 次式である．4 次式の特性方程式の系が，安定であるための条件（**安定条件**）は，$A_3 > 0$ かつ $A_2 > 0$ かつ $A_1 > 0$ かつ $A_0 > 0$ を満たしたうえで，

$$A_1 A_2 A_3 - A_0 A_3{}^2 - A_1{}^2 > 0 \tag{9.12}$$

を満たす必要があることが数学的に知られている．

式 (9.11) の場合，$A_3 > 0$ と $A_1 > 0$，$A_0 > 0$ が成り立つ．また，A_2 が最小になるのは $V = \infty$ のときであるが，このとき，$C_r > C_f$ ならば $A_2 > 0$ である．車両は $C_r > C_f$ になるように設計されるので，どんな V でも $A_2 > 0$ である．したがって，安定条件のうち式 (9.12) だけに注目すればよい．式 (9.12) を計算すると

$$\left(\omega_S{}^2 - 2\frac{C_f + C_r}{k_N{}^2 l}\right)V^2 + \frac{C_r(C_f + C_r)}{k_N{}^2} > 0 \tag{9.13}$$

となる．

■ 9.2.3 安定条件の整理

この項では，式 (9.13) を整理して，安定条件を整理する．

式 (9.5) に含まれる，車両系の唯一の物理変数は前輪位置車体横滑り角 β_f だけである．したがって，$\beta_\mathrm{f} = 0$ のとき車体の運動が操舵系に及ぼす影響が最小になる．そこで，安定・不安定を考えるときの基準の V として，定常円旋回中に $\beta_\mathrm{f} = 0$ となる V である $V_{\beta_\mathrm{f}=0}$ を選ぶ．ここで，

$$V_{\beta_\mathrm{f}=0} = \sqrt{lC_\mathrm{r}} \tag{2.24：再}$$

である．この式を式 (9.13) に代入すると，$V_{\beta_\mathrm{f}=0}$ における安定条件は

$$\omega_\mathrm{S}^2 > \frac{C_\mathrm{f} + C_\mathrm{r}}{k_\mathrm{N}^2 l} \tag{9.14}$$

となる．この式の右辺は，$lC_\mathrm{r}/V^2 = 2$ のときの式 (3.16) である．そこで，式 (9.14) の右辺を ω_z^2 と記す．すなわち，

$$\omega_z^2 \equiv \frac{C_\mathrm{f} + C_\mathrm{r}}{k_\mathrm{N}^2 l} \tag{9.15}$$

である．ω_z を使って式 (9.13) を整理すると，

$$\omega_\mathrm{S}^2 > \omega_z^2 \left(2 - \frac{lC_\mathrm{r}}{V^2}\right) \tag{9.16}$$

となる．この式はさらに

$$\frac{\omega_\mathrm{S}^2}{\omega_z^2} > 2 - \frac{lC_\mathrm{r}}{V^2} \tag{9.17}$$

と変形できる．これが整理された安定条件である．この $\omega_\mathrm{S}^2/\omega_z^2$ を

$$B \equiv \frac{\omega_\mathrm{S}^2}{\omega_z^2} \tag{9.18}$$

と記す．この B が安定性の程度を表す．そこで，B を**フォースコントロールのスタビリティファクタ**とよぶ．B の単位は無次元である．パワーアシスト力が作用しないときの B の目安は 4 であるが，中には 1.5 程度の車両もあると報告例がある [37]．

B を使い，さらに式 (9.17) を変形すると

$$B > 2 - \frac{1}{\left(\dfrac{V}{\sqrt{lC_\mathrm{r}}}\right)^2} \tag{9.19}$$

となる．これがフォースコントロール下の安定条件なのである．この式の右辺 ( ) 内は，$\sqrt{lC_\mathrm{r}}$ で無次元化された V である．この式を計算したものが図 9.2 である．この

図の縦軸も横軸も無次元数だから，この図はあらゆる車両に適用できる．この図に示すように，$B > 2$ であればどんな V でも安定である．一方，$V/\sqrt{lC_r} < 1/\sqrt{2}$，すなわち $V < V_{s0}$ であれば，どんな B でも安定である．V_{s0} とは，式 (4.32) で定義された，定常円旋回で頭振りモードになる車速域と尻振りモードになる車速域との境界の車速（前後輪軌跡一致車速）である．したがって，不安定領域では尻振りモードになることがある．

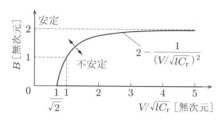

図 9.2　フォースコントロール時の安定領域

つぎに，B の力学的意味について述べる．図 9.3(a) に示す $\beta_f = \beta_0$ かつ後輪位置車体横滑り角 $\beta_r = -\beta_0$ の外乱が $T_h = 0$ で直進中の車両に加わったとすると，その瞬間に生じる $\ddot{\delta}$ と $\dot{r}$ との比が B を意味するのである．この瞬間に，地上からみた操舵系の角加速度と $\dot{r}$ を図 (b)〜(e) に示す．この図では，角加速度を角度として描いてある．また，O-X-Y は，地上に固定した座標系である．図 (c) に示すように，このときいわゆる**カウンタステア**が生じる．カウンタステアの量は，$B = 1$ のとき，前輪は地上に対して角加速度を生じない．$B = 2$ のとき $\dot{r}$ と同量であり，$B > 2$ のとき $\dot{r}$ よりも大きい．

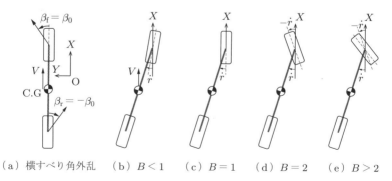

(a) 横すべり角外乱　(b) $B < 1$　(c) $B = 1$　(d) $B = 2$　(e) $B > 2$

図 9.3　フォースコントロールのスタビリティファクタ B の意味

9.2 フォースコントロールにおいて安定であるための条件　143

以上の結論が導かれる理由を式で示そう（結論から知りたい方は，9.2.4項にとんで頂きたい）．図9.3(a)に示す$\beta_f = \beta_0$かつ$\beta_r = -\beta_0$の外乱が$T_h = 0$で直進中の車両に加わった瞬間の操舵系の運動方程式は

$$I_h \ddot{\delta} = 2\xi K_f \beta_0$$

だから，この式は式(9.4)より

$$\ddot{\delta} = \omega_S^2 \beta_0 \tag{9.20}$$

と変形できる．一方，このときの車体の運動方程式は

$$I_z \dot{r} = -2l_f K_f \beta_0 + 2l_r K_r(-\beta_0) \tag{9.21}$$

だから，$\dot{r}$は

$$\begin{aligned}
\dot{r} &= \frac{-2l_f K_f \beta_0 + 2l_r K_r(-\beta_0)}{I_z} \\
&= -\frac{2l_f K_f + 2l_r K_r}{I_z}\beta_0 \\
&= -\omega_z^2 \beta_0
\end{aligned} \tag{9.22}$$

となる．式(9.20)を式(9.22)で割ると

$$\frac{\ddot{\delta}}{\dot{r}} = \frac{\omega_S^2}{-\omega_z^2} = -B \tag{9.23}$$

となる．ここで，$\ddot{\delta}$は車体に対する角加速度であるので，地上に対するδの角加速度を$\ddot{\delta}_{\mathrm{ground}}$と記すと，

$$\ddot{\delta}_{\mathrm{ground}} = \ddot{\delta} + \dot{r} \tag{9.24}$$

である．したがって，

$$\begin{aligned}
\frac{\ddot{\delta}_{\mathrm{ground}}}{\dot{r}} &= \frac{\ddot{\delta} + \dot{r}}{\dot{r}} = 1 + \frac{\ddot{\delta}}{\dot{r}} \\
&= 1 + \frac{\omega_S^2}{-\omega_z^2} = 1 - B
\end{aligned} \tag{9.25}$$

となるので，$B = 1$のとき$\ddot{\delta}_{\mathrm{ground}} = 0$，$B = 2$のとき$\ddot{\delta}_{\mathrm{ground}} = -\dot{r}$になるのである．

■ 9.2.4　ハンドル慣性モーメントの目安

前項で述べたように，$B > 2$ならどんなVでも安定だから，$B > 2$に設定することが設計指針になる．そこでこの項では，I_hによるBの設定法について述べる．なお，Bの目安が4だから，$B > 2$は実現可能である．

式 (9.18) で定義された B は，式 (9.4), (9.15) を使うと，つぎのように変形できる．

$$B = \frac{\omega_S{}^2}{\omega_z{}^2} = \frac{\left(\dfrac{2\xi K_f}{I_h}\right)}{\left(\dfrac{C_f + C_r}{k_N{}^2 l}\right)}$$

$$= \frac{\left(\dfrac{\xi C_f m_f}{I_h}\right)}{\left(\dfrac{C_f + C_r}{k_N{}^2 l}\right)} = \frac{\left(\dfrac{C_f}{C_f + C_r}\right)}{\left(\dfrac{I_h}{k_N{}^2 \xi l m_f}\right)} \tag{9.26}$$

したがって，B を大きくする方法は，上式の分子を大きくするか，分母を小さくするかの二つである．そこで，分母に注目しよう．この分母内の分子も分母も無次元であり，この分子は I_h だから，式 (9.26) の分母全体を無次元のハンドルの慣性モーメントとみることもできる．そこで，式 (9.26) の分母全体を**ハンドル慣性モーメント係数**とよび，I_{hN} と記す．すなわち，

$$I_{hN} \equiv \frac{I_h}{k_N{}^2 \xi l m_f} \tag{9.27}$$

と記す．

I_{hN} が小さいほど B が大きくなるので，I_{hN} によって B を設定するのである．パワーアシスト力を加味しないときの I_{hN} の分布範囲は 0.03〜0.2 との報告がある†．

図 9.4 に I_{hN} の力学的意味を示す．前後輪とも宙に浮いた状態の車両の前輪に，力 $2F_f$ を加えたときの車体の $\dot{r}$ と操舵系の $\ddot{\delta}$ との比が I_{hN} である．このことを式で説明しよう（結論から知りたい方は，この章の最後の 5 行にとんで頂きたい）．

$2F_f$ を加えたときの車体の回転運動の方程式は

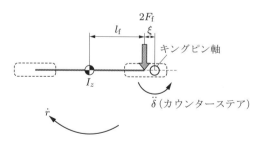

図 9.4　前輪コーナリングフォース着力点にはたらく外乱に対する操舵系と車体系の応答

---

† パワーアシスト力が作用するときの ξ の値は，報告が見当たらない．そこで，$I_{hN} = 0.03$〜0.2 として扱う．なお，電気式パワーステアリングでは，$T_h \approx 0$ のときアシストしないものがほとんどだそうである．

$$I_z \dot{r} = 2l_\mathrm{f} F_\mathrm{f} \tag{9.28}$$

だから，

$$\dot{r} = \frac{2l_\mathrm{f} F_\mathrm{f}}{I_z} \tag{9.29}$$

である．一方，このときの操舵系の回転運動の方程式は

$$I_\mathrm{h} \ddot{\delta} = -2\xi F_\mathrm{f} \tag{9.30}$$

だから，

$$\ddot{\delta} = -\frac{2\xi F_\mathrm{f}}{I_\mathrm{h}} \tag{9.31}$$

である．式 (9.29) を式 (9.31) で割ると

$$\frac{\dot{r}}{\ddot{\delta}} = \frac{2\left(\dfrac{l_\mathrm{f}}{I_z}\right) F_\mathrm{f}}{2\left(-\dfrac{\xi}{I_\mathrm{h}}\right) F_\mathrm{f}} = -\frac{\dfrac{l_\mathrm{f}}{k_\mathrm{N}^2 l_\mathrm{f} l_\mathrm{r} m}}{\dfrac{\xi}{I_\mathrm{h}}}$$

$$= -\frac{I_\mathrm{h}}{k_\mathrm{N}^2 \xi l m_\mathrm{f}} = -I_\mathrm{hN} \tag{9.32}$$

となる．したがって，I_hN は $\dot{r}$ と操舵系の $\ddot{\delta}$ との比を表すのである．

以上，この節のまとめとして，フォースコントロールではスタビリティファクタ B が 2 以上であれば，あらゆる V で安定である．B を大きくするには，ハンドル慣性モーメント係数 I_hN を小さくする．

なお，式 (9.26) の分子は C_f や C_r から成り，$C_\mathrm{f} \approx 100$ (m/s^2)/rad，$C_\mathrm{r} \approx 200$ (m/s^2)/rad が相場だから，分子の目安は 1/3 である．したがって，分子の設定幅はあまり広くない．

9.3 フォースコントロール下の操舵応答

この節では，操舵系や車体系の動き方の基本的性質を考察する．まず，フォースコントロール下の固有振動数や減衰比を 3 段階に分けて導出する．第 1 段階で，単純な場合の厳密解を求め，第 2 段階では，この解をもとに操舵系減衰係数 D_h が 0 の場合の近似解を導き，第 3 段階では，この解をもとに操舵系減衰を加味した近似解を求める．そして，これらの解をもとに応答性の向上法を考える．

■ 9.3.1 単純な条件の場合の応答

この項では，特性方程式を文字式に因数分解するために，表 9.1 に示す単純な条件[36]を仮定する．式 (9.11) に表 9.1 の条件を代入すると，特性方程式は

第 9 章 手で感じるハンドルの動き

表 9.1 9.3.1 項の想定条件

物理量	条件
等価コーナリング係数	$C_\mathrm{f} = C_\mathrm{r} = C$
ヨー慣性半径係数	$k_\mathrm{N} = 1$
操舵系減衰係数	$D_\mathrm{h} = 0$

$$s^4 + 2\frac{C}{V}s^3 + \left[\omega_\mathrm{S}{}^2 + \left(\frac{C}{V}\right)^2\right]s^2 + \frac{C}{V}\omega_\mathrm{S}{}^2 s + \frac{C}{l}\omega_\mathrm{S}{}^2 = 0 \qquad (9.33)$$

となる．ここで，ω_S は式 (9.4) で述べた操舵系単体の固有振動数，V は車速，l はホイールベースである．この式は $B < 2$ のときと $B \geq 2$ のときで因数分解が異なり，$B \geq 2$ のとき，つぎのように因数分解できる．

$$\left[s^2 + \frac{C}{V}s + \left(1 + \sqrt{1 - 4\frac{I_\mathrm{h}}{l\xi m_\mathrm{f}}}\right)\frac{\xi K_\mathrm{f}}{I_\mathrm{h}}\right]\left[s^2 + \frac{C}{V}s + \left(1 - \sqrt{1 - 4\frac{I_\mathrm{h}}{l\xi m_\mathrm{f}}}\right)\frac{\xi K_\mathrm{f}}{I_\mathrm{h}}\right] = 0$$
$$(9.34)$$

ここで，ξ はトレールであり，m_f は前輪が負担する車両質量，K_f は前輪等価コーナリングパワ，I_h はハンドルの慣性モーメントである．上式の両 [ ] 内の s^0 の項が固有振動数を表す．この式の意味を吟味するために $4I_\mathrm{h}/(l\xi m_\mathrm{f}) \ll 1$ と仮定して級数近似すると，

$$\left[s^2 + \frac{C}{V}s + \left(1 - \frac{I_\mathrm{h}}{l\xi m_\mathrm{f}}\right)\frac{2\xi K_\mathrm{f}}{I_\mathrm{h}}\right]\left[s^2 + \frac{C}{V}s + \frac{C}{l}\right] \approx 0 \qquad (9.35)$$

となる．この変形に際して $2K_\mathrm{f} = Cm_\mathrm{f}$ の関係を使った．ここで，ξ や K_f，I_h は操舵系の物理量だから，上式の左辺第 1 [ ] が操舵系に対応し，式 (4.23) の右辺第 3 項分母と同値の第 2 [ ] が車体系に対応する．また，上式の $I_\mathrm{h}/(l\xi m_\mathrm{f})$ は表 9.1 の場合のハンドル慣性モーメント係数 I_hN だから，ハンドル慣性モーメント係数が，操舵系の運動と車体系の運動との結びつき（**連成**）の強さを表す．一方，9.2.4 項で述べたように $I_\mathrm{hN} = 0.03 \sim 0.2$ だから，$I_\mathrm{hN} = I_\mathrm{h}/l\xi m_\mathrm{f} \approx 0$ とみなして，式 (9.35) をさらに近似すると，

$$\left(s^2 + \frac{C}{V}s + \frac{2\xi K_\mathrm{f}}{I_\mathrm{h}}\right)\left(s^2 + \frac{C}{V}s + \frac{C}{l}\right) \approx 0 \qquad (9.36)$$

となる．この式を使うと，表 9.1 の条件のときの式 (9.6) は

$$\frac{r}{T_\mathrm{h}} \approx \frac{C}{l\xi m_\mathrm{f} V} \cdot \frac{\dfrac{2\xi K_\mathrm{f}}{I_\mathrm{h}}}{s^2 + \dfrac{C}{V}s + \dfrac{2\xi K_\mathrm{f}}{I_\mathrm{h}}} \cdot \frac{\dfrac{V}{C}s + 1}{s^2 + \dfrac{C}{V}s + \dfrac{C}{l}} \qquad (9.37)$$

と表され，右辺分母が二つの 2 次式の積で表される．ここで，r はヨー角速度，T_h は

操舵トルクである．この式の分母の最初の2次式が操舵系を，後ろの2次式が車体系を表す．表9.1の条件に限定しない場合，この式を一般化した形式になることが予想される．

■ 9.3.2　操舵系減衰が0の場合の応答

この項では，表9.1の条件のうち，$D_h = 0$ の条件だけを用い，ほかの制約を外した場合の固有振動数や速応性を近似的に導く．その方法は，式 (9.34) を基に，制約を外したときの因数分解式の当たりをつけることによる．

式 (9.34) の第1 [ ] は操舵系に対応するから，この項の C は C_f であると当たりをつける．一方，第2 [ ] は車体系だから，この項の C や $K_f (= m_f C_f / 2)$ 中の C は C_r であると当たりをつける．よって，$D_h = 0$ のときの特性方程式を

$$\left[s^2 + \frac{C_f}{k_N V} s + \left(1 + \sqrt{1 - 4 \frac{I_h}{k_N{}^2 l \xi m_f}} \right) \frac{\xi K_f}{I_h} \right]$$
$$\times \left[s^2 + \frac{C_r}{k_N V} s + \left(1 - \sqrt{1 - 4 \frac{I_h}{k_N{}^2 l \xi m_f}} \right) \frac{\xi m_f C_r}{2 I_h} \right] \approx 0 \quad (9.38)$$

と仮定する．なお，この式における k_N は，式 (3.14) を参考にして加味した．

この式を展開すると，$s^2 \sim s^0$ 係数は，式 (9.8)〜(9.10) に一致する．一方，s^3 の係数と式 (9.7) とには誤差があるが，その誤差を $I_h / (l \xi m_f)$ について級数展開すると，$[I_h / (l \xi m_f)]^2$ 以上の項しか残らない．したがって，式 (9.38) は，$I_h / (l \xi m_f) \approx 0$ のとき，式 (9.6) の分母を精度よく近似している．そこで，式 (9.38) を式 (9.37) の分母と同様に近似し，それを式 (9.6) の分母に用いると，

$$\frac{r}{T_h} \approx \frac{C_r}{k_N{}^2 l \xi m_f V} \cdot \frac{\dfrac{2 \xi K_f}{I_h}}{s^2 + \dfrac{C_f}{k_N V} s + \dfrac{2 \xi K_f}{I_h}} \cdot \frac{\dfrac{V}{C_r} s + 1}{s^2 + \dfrac{C_r}{k_N V} s + \dfrac{C_r}{k_N{}^2 l}} \quad (9.39)$$

となる．なお，この式の第3項の分母は，リヤカーモデルの式 (4.23) と同じだから，第3項は，車体系の運動がリヤカーモデルによって表されることを意味する．

つぎに，操舵系固有振動数を ω_a，操舵系減衰比を ζ_a，車体系固有振動数を ω_b，車体系減衰比を ζ_b と記すと，式 (9.39) から

$$\omega_a \approx \sqrt{\frac{2 \xi K_f}{I_h}} \quad (9.40)$$

$$\zeta_a \omega_a \approx \frac{C_f}{2 k_N V} \quad (9.41)$$

$$\omega_b \approx \sqrt{\frac{C_r}{k_N{}^2 l}} \quad (9.42)$$

$$\zeta_\mathrm{b}\omega_\mathrm{b} \approx \frac{C_\mathrm{r}}{2k_\mathrm{N}V} \tag{9.43}$$

の関係が得られる．これらの計算例を図 9.5 に示す．

これらの式から，操舵系は，$2K_\mathrm{f}$ を大きく，I_h を小さくすることで，ω_a が大きくなり，ハンドルが素早く動くようになる．また，C_f ($\approx 100\ (\mathrm{m/s^2})/\mathrm{rad}$) の値の変更幅は小さいから ξm_f，すなわち舵の重さが大きいほど，ω_a が大きい．車体系は，C_r を大きくすることで，ω_b と $\zeta_\mathrm{b}\omega_\mathrm{b}$ を同時に大きくできる．なお，ζ_a については次項で述べる．

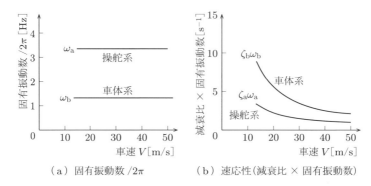

(a) 固有振動数 /2π (b) 速応性(減衰比 × 固有振動数)

図 9.5 フォースコントロール下の固有振動数と速応性の計算例 ($C_\mathrm{f} = 100\ (\mathrm{m/s^2})/\mathrm{rad}$, $C_\mathrm{r} = 200\ (\mathrm{m/s^2})/\mathrm{rad}$, $I_\mathrm{hN} = 0.07$, $k_\mathrm{N}{}^2 = 0.935$, $m_\mathrm{f} = 1070$ kg, $m_\mathrm{r} = 930$ kg, $V = 24.5$ m/s (88 km/h))

■ 9.3.3 操舵系減衰の設定

この項では，D_h の適値について述べる．そのために，まず，$D_\mathrm{h} \neq 0$ の場合の ζ_b を求め，つぎに，ζ_b の適値について述べる．なお，この項では，表 9.1 の制約をすべて外す．

式 (9.39) に D_h を加味した式を係数比較法によって求めよう．そこで，D_h を加味したときの式 (9.39) の特性方程式を，つぎのように仮定する．

$$\left[(1+\Delta_\mathrm{a2})s^2 + (1+\Delta_\mathrm{a1})\frac{D_\mathrm{h}}{I_\mathrm{h}}s + \frac{C_\mathrm{f}}{k_\mathrm{N}V}s + \frac{2\xi K_\mathrm{f}}{I_\mathrm{h}}\right] \\ \times \left[(1+\Delta_\mathrm{b2})s^2 + \frac{C_\mathrm{r}}{k_\mathrm{N}V}s + \Delta_\mathrm{b1}s + \frac{C_\mathrm{r}}{k_\mathrm{N}{}^2 l}\right] \approx 0 \tag{9.44}$$

ここで，Δ_b2 や Δ_b1，Δ_a2，Δ_a1 は微小な補正項であり，そのため補正項どうしの積は 0 であるとする．つぎに，式 (9.44) を展開した式と，$D_\mathrm{h} \neq 0$ の場合の式 (9.6) に相当する式の分母とが等しくなるように，補正項を定めると，

$$\Delta_\mathrm{a1} \approx \frac{2I_\mathrm{h}}{k_\mathrm{N}{}^3 l \xi m_\mathrm{f}} \tag{9.45}$$

$$\Delta_{b1} \approx -\frac{I_h}{k_N{}^2 l\xi m_f} \tag{9.46}$$

$$\Delta_{a2} \approx -\Delta_{b2} \approx 0 \tag{9.47}$$

となる．よって，D_h が加味された式 (9.39) は，

$$\frac{r}{T_h} \approx \frac{C_r}{k_N{}^2 l\xi m_f V} \cdot \frac{\dfrac{2\xi K_f}{I_h}}{s^2 + \left[\left(1 + \dfrac{2I_h}{k_N{}^3 l\xi m_f}\right)\dfrac{D_h}{I_h} + \dfrac{C_f}{k_N V}\right]s + \dfrac{2\xi K_f}{I_h}}$$

$$\times \frac{\dfrac{V}{C_r}s + 1}{s^2 + \left(\dfrac{C_r}{k_N V} - \dfrac{I_h}{k_N{}^2 l\xi m_f} \cdot \dfrac{D_h}{I_h}\right)s + \dfrac{C_r}{k_N{}^2 l}} \tag{9.48}$$

となる．ここで，

$$\zeta_a \omega_a \approx \left(1 + \frac{2I_h}{k_N{}^3 l\xi m_f}\right)\frac{D_h}{2I_h} + \frac{C_f}{2k_N V} \tag{9.49}$$

$$\zeta_b \omega_b \approx \frac{C_r}{2k_N V} - \frac{I_h}{k_N{}^2 l\xi m_f} \cdot \frac{D_h}{I_h} \tag{9.50}$$

である．なお，ω_a と ω_b は，それぞれ式 (9.46), (9.48) で代用した．

したがって，式 (9.49) と式 (9.40) から，ζ_a の目標値を満たすための D_h/I_h は

$$\frac{D_h}{I_h} = \frac{2\zeta_a \omega_a - \dfrac{C_f}{k_N V}}{1 + \dfrac{2I_h}{k_N{}^3 l\xi m_f}} \tag{9.51}$$

によって求められるのである．この計算例を図 9.6 に示す．

最後に，ζ_a の目標値を考えよう．ζ_a を変化させて，車体系の応答を計算した例を

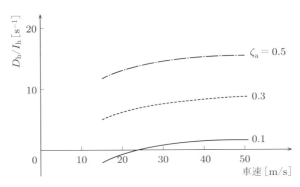

図 9.6 ζ_a の目標値を満たすための D_h ($C_f = 100$ (m/s^2)/rad, $l=2.6$ m, $k_N{}^2 = 1.05$, $\omega_a = 20$ rad/s)

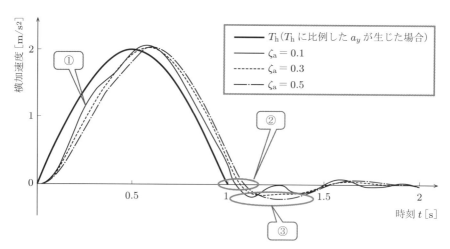

図 9.7 操舵系の減衰比の適値（$C_f = 100 \text{ (m/s}^2)/\text{rad}$, $C_r = 200 \text{ (m/s}^2)/\text{rad}$, $l = 2.6$ m, $k_N{}^2 = 1.05$, $I_h/(k_N{}^2 l \xi m_f) = 0.07$, $\omega_a = 20$ rad/s）

図 9.7 に示す．この図は，0.5 Hz の sin 波の半波長の T_h を入力したときの横加速度 a_y を計算したものである．T_h の振幅は，0.5 Hz の定常応答における a_y の振幅が 2 m/s^2 になるように定めた．

まず，$\zeta_a = 0.1$ の場合の操舵直後の①部の盛り上がりは，操舵系の振動的ふるまいの影響である．そのため，操舵系の振動的ふるまいを抑えるためには，$\zeta_a = 0.1$ では過少である．一方，③部のオーバーシュート量は，$\zeta_a = 0.3$ の場合が最も小さい．よって，操舵系や車両系の応答における振動的ふるまいを抑制するための ζ_a の大雑把な目安は 0.3 ぐらいである．

つぎに，②部では，ζ_a が大きくなるにつれ，横軸と交わるタイミングが遅れる．よって，T_h に対する操舵系や車体系の応答の速さの観点からは，ζ_a の適値は 0 である．

以上，非振動的な動き方と応答の速さとを総合すると，ζ_a 目標値の大まかな目安は 0 と 0.3 の間の 0.1〜0.2 程度であろう．ζ_a の目標値を実現するために必要な D_h は，式 (9.51) によって求めることができる．

最後に，この節をまとめよう．まず，操舵系について述べる．前輪の等価コーナリングパワ $2K_f$ を大きく，I_h を小さくすることで，固有振動数 ω_a を大きくできる．操舵系の減衰比 ζ_a は，0.1〜0.2 になるように，操舵系の減衰係数 D_h を設定する．これらによって，「手で感じるハンドルの動き」が向上する．

車体系は，後輪の等価コーナリング係数 C_r を大きくすることで，固有振動数 ω_b と速応性 $\zeta_b \omega_b$ を同時に大きくできる．これによって，「腰で感じる車の動き」を向上できる．

第10章
目で感じる車体のロール運動

車体が左右に傾くことを**ロール**とよんだ．視覚はヨーよりもロールに敏感であり，「目で感じる車体の動き」としてロールが気持ちよい曲げやすさに影響する．そこでこの節では，まず，ロール運動を式で表す．つぎに，ロールの固有振動数について述べた後，ロール運動がヨー固有振動数に及ぼす影響について述べる．最後に，「目で感じる車体の動き」に最も影響するロール姿勢について述べる．なおこの章では，ポジションコントロールを想定する．

10.1　ロール運動の表し方

この節では，まずサスペンションの幾何学的な性質について述べた後，ロール運動の運動方程式を導く．

■ 10.1.1　サスペンションの幾何学的性質

図10.1にダブルウィッシュボーン式前輪サスペンションの概念図を示す．タイヤが転がる回転軸の支持部品をナックルとよぶ．ダブルウィッシュボーン式サスペンションでは，ナックルと車体とを結ぶ回転自由のサスペンションアーム（アームと略

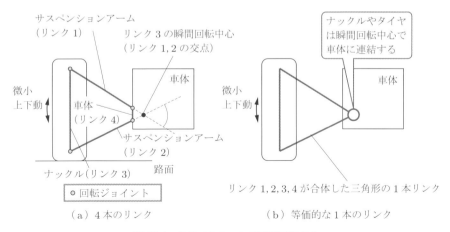

図 10.1　サスペンションの瞬間回転中心

す）が 2 本ある．アームのように両端もしくは片側で回転自由に拘束されている物体を**リンク**とよぶ．

ナックルの上端と下端も回転自由でアームに拘束されているので，ナックルはアームに次ぐ 3 本目のリンクである．さらに，車体も 2 箇所でアームに回転自由に拘束されているから，車体は 4 本目のリンクである．したがって，このサスペンションは四角形を構成する 4 本のリンクによって構成されている．このようなリンク機構を**四節リンク機構**とよぶ．

ここで，ナックルが微小に上下動したとすると，リンクの影響によって紙面内の回転運動も生じるので，ナックルの軌跡は曲線になる．その曲線を円弧とみなすと，円の中心が定まる．その点を**瞬間回転中心**とよぶ．瞬間回転中心は，微小に動くリンク（この場合ナックル）に隣接する 2 本のリンク（この場合 2 本のアーム）の延長線の交点にある．このようにナックルが微小に上下動するとき，サスペンションやタイヤは図 10.1(b) のように瞬間回転中心 1 点で車体に拘束されているとみなすことができるのである．

これを，左右両側のサスペンションについて表したものが図 10.2(a) である．ここ

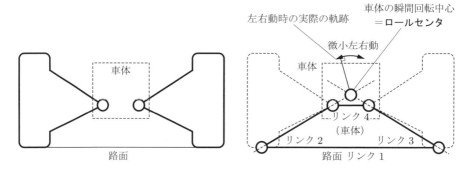

（a）瞬間中心で車体に結合された左右のタイヤ　　（b）タイヤと地面との仮想の回転中心と，タイヤの瞬間中心とを結ぶ 4 本のリンク

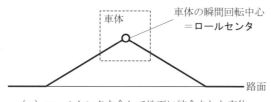

（c）ロールセンタを介して地面に結合された車体

図 10.2　ロールセンタの位置

で，ロールしてもトレッドは変化しないと仮定する†と，両方のタイヤの接地中心点の距離は常に一定である．したがって，路面は，これらの点で回転自由で拘束されたリンク（「リンク1」）として考えることができる（図10.2(b))．そこで，この点と車体とを結ぶサスペンションを「リンク2」，「リンク3」のように考える．さらに，左右サスペンションの瞬間回転中心を結ぶ車体を「リンク4」とみなすと，車体とサスペンションと路面とが新たな四節リンク機構になるのである．ここで，車体が左右に移動するときの軌跡を円弧近似した円の中心が，路面に対する車体の瞬間回転中心であり，この瞬間回転中心を**ロールセンタ**とよぶ．したがって，車体はロールセンタによって路面に支持されている（図10.2(c)）．ただし，これはタイヤが路面に固定されていることが前提であるが，実際には固定されていない．そこで，路面ではなく，タイヤと車体とがロールセンタによって回転自由に支持されているものとする．

■ **10.1.2 運動方程式**

この項では，ロールを加味したときの運動方程式を求める（結論から知りたい方は，式(10.3)，(10.4)にとんで頂きたい）．ロールを含んだ車両の運動を図10.3のように

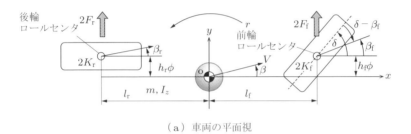

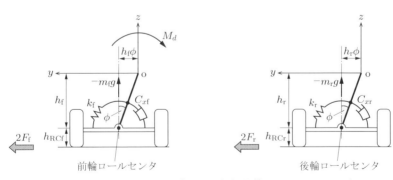

図 10.3 車両モデル

---

† トレッドの変化は a_y の3乗におおむね比例する．そのため，a_y が小さな領域では，この仮定は十分成立する．

表す.この図では,タイヤやサスペンション,ブレーキなどの質量を無視して,車両質量 m が車体の重心にあるとする.そこで,図 1.1 と同様に,車体の重心位置に原点 o を固定し,図 10.3(a) に示すように車両前方に x 軸を,車両左側に y 軸を,鉛直上向に z 軸をとる.

また,図 10.3(b) に示すように,地上から前輪のロールセンタまでの高さをロールセンタ高とよび,前輪のロールセンタ高を h_{RCf},後輪のロールセンタ高を h_{RCr} と記す.また,ロールセンタから重心高までの距離であるロールアーム長のうち,前輪位置のロールアーム長を h_f,後輪位置のロールアーム長を h_r と記す.さらに,前輪のロールセンタと後輪のロールセンタを結ぶ線をロール軸とよび,ロール軸から重心までの距離を h と記す.

つぎに,ロール角 ϕ についての運動方程式を原点 o まわりで立てよう.回転運動の方程式は「慣性モーメント×角加速度=モーメント」である.右辺のモーメントは図 10.3 では,ショックアブソーバによるロール減衰係数 $C_{xf} + C_{xr}$ による $\dot{\phi}$ と逆向きのモーメント $-(C_{xf} + C_{xr})\dot{\phi}$ と,ロール剛性 $k_f + k_r$ による ϕ と逆向きのモーメント $-(k_f + k_r)\phi$,前後輪の路面反力の和 $(-m_f g - m_r g)$ (g は重力加速度) による ϕ と同じ向きのモーメント $h_{f,r} mg\phi$ (図 5.1(a)) の和である.したがって,x 軸まわりの回転の運動方程式は

$$I_x \ddot{\phi} = -C_x \dot{\phi} - K_x \phi + 2h_f F_f + 2h_r F_r + M_d \tag{10.1}$$

となる.ここで,I_x はロール慣性モーメントであり,$2F_f$ と $2F_r$ は前後輪のコーナリングフォース,M_d は外乱によるロールモーメントである.なお,表記を簡単にするために,$K_x \equiv k_f + k_r - hmg$,$C_x \equiv C_{xf} + C_{xr}$ とした.以後,K_x を全ロール剛性,C_x をロール減衰係数とよぶ.

つぎに,単位横加速度 $a_y = 1$ m/s^2 の定常円旋回におけるロール角 ϕ_1 は,$2F_f + 2F_r = ma_y$ の関係を使って,

$$\phi_1 = \frac{mh_{f,r}}{K_x} \tag{10.2}$$

と書ける.ここで,$h_{f,r} = h_f = h_r$ である.したがって,K_x が大きく h が小さいほど,ϕ は小さい.ϕ_1 が小さいほど「目で感じる車体の動き」は向上するようである.なお,横加速度 $0.5g$ あたりのロール角の平均はおよそ $3.0°$ 程度とのことである[11].

つぎに,タイヤのスリップ角について考えよう.原点 o からみると,$\dot{\phi}$ が生じることによって,前輪のタイヤは y 軸方向に $h_f \dot{\phi}$ の速度成分をもつので,前輪のスリップ角は $h_f \dot{\phi}/V$ だけ増え,同様に後輪のスリップ角は $h_r \dot{\phi}/V$ だけ増える.これらの項をそれぞれ式 (1.62),(1.61) に加味すると,$2F_f$ や $2F_r$ はそれぞれ

$$2F_{\mathrm{f}} = -C_{\mathrm{f}} m_{\mathrm{f}} \left(\beta + \frac{l_{\mathrm{f}}}{V} r + \frac{h_{\mathrm{f}} \dot{\phi}}{V} - \delta \right) \tag{10.3}$$

$$2F_{\mathrm{r}} = -C_{\mathrm{r}} m_{\mathrm{r}} \left(\beta - \frac{l_{\mathrm{r}}}{V} r + \frac{h_{\mathrm{r}} \dot{\phi}}{V} \right) \tag{10.4}$$

となる．ここで，C_{f} と C_{r} は前後輪の等価コーナリング係数であり，m_{f} と m_{r} は前後輪が負担する車両質量，β は重心位置の車体横滑り角，r はヨー角速度，V は車速，l_{f} は前輪〜重心間距離，l_{r} は重心〜後輪間距離である．また，車両の並進方向の運動方程式とヨー方向の運動方程式である式 (1.59) と (1.60) はそのまま成り立つ[41]．したがって，式 (1.59), (1.60) と式 (10.1), (10.3), (10.4) とが，ロールを加味した運動方程式になる．

10.2　ロールの固有振動数とそのモード

ロール運動の固有振動数を**ロール固有振動数**とよぶ．この節ではロール固有振動数とそのモードの車速による変化について述べる．

■ 10.2.1　特性方程式の整理

10.1.2 項で求めた運動方程式の特性方程式は，微分の記号 s の 4 次式になるため，固有振動数の文字式を求めることは容易ではない．そこで，しばらくの間スタビリティファクタ A を 0 （ニュートラルステア）と仮定して，前後の等価コーナリング係数を $C_{\mathrm{f}} = C_{\mathrm{r}} = C$ とし，さらに簡単のため，前後のロールアーム長を $h_{\mathrm{f}} = h_{\mathrm{r}} = h$ として特性方程式を求めよう．まず，式 (10.1) における外乱のロールモーメント M_{d} を 0 とした運動方程式から，舵角 δ に対するロール角 ϕ の伝達関数 ϕ/δ を求め，その式の分母を因数分解すると，特性方程式は s の 1 次式と 3 次式との掛け算になる．この 1 次式は δ に対するヨー角速度 r の伝達関数 r/δ の分母であり，ロール運動と関係ないので，この 1 次式を無視し，残った s の 3 次式が 0 と等しいとすることによって，ロール運動を含む特性方程式は

$$I_x V s^3 + (CI_x + h^2 Cm + C_x V) s^2 + (CC_x + K_x V) s + CK_x = 0 \tag{10.5}$$

となる．ここで，I_x はロール慣性モーメントであり，m は車両質量，V は車速，K_x はロール剛性，C_x はロール減衰係数である．

この特性方程式 (10.5) は，いくつの変数によって支配されているのだろうか．その手がかりを得るために，まず，ロール単体の運動を考えよう．$C = 0$ または $V = \infty$ のときの運動方程式から，M_{d} に対するロール角 ϕ の伝達関数 ϕ/M_{d} を求めると，

となる．よって，このときの特性方程式は

$$s^2 + \frac{C_x}{I_x}s + \frac{K_x}{I_x} = 0 \tag{10.7}$$

となる．したがって，C_x/I_x と K_x/I_x が一つ目の手がかりである．

もう一つの手がかりを得るために，平面2自由度運動に注目しよう．$h_\mathrm{f} = h_\mathrm{r}$ のとき，式 (10.3)，(10.4) から，ロール運動によって重心位置車体横滑り角 β に $h_\mathrm{f}\dot{\phi}/V$ が付加される．したがって，$A = 0$ のときの β の動的性質が二つ目の手がかりになる．まず，$h = 0$ とした運動方程式から r/δ の伝達関数を求めると，すなわち，式 (3.76) において $C_\mathrm{f} = C_\mathrm{r} = C$ とすると，

$$\frac{r}{\delta} = \frac{V}{l} \cdot \frac{1}{\dfrac{k_\mathrm{N}{}^2 V}{C}s + 1} \tag{10.8}$$

となる．よって，r の時定数は $V/(k_\mathrm{N}{}^2 C)$ である．なお，k_N はヨー慣性半径係数である．つぎに，舵角 δ に対する β の伝達関数 β/δ は

$$\frac{\beta}{\delta} = \left[\frac{V}{l} \cdot \frac{1}{\dfrac{k_\mathrm{N}{}^2 V}{C}s + 1}\right] \frac{k_\mathrm{N}{}^2 l_\mathrm{r} V s + l_\mathrm{r} C - V^2}{VC\left(\dfrac{V}{C}s + 1\right)} \tag{10.9}$$

となり，二つの1次遅れ系の積になる．上式の [ ] 内は，式 (10.8) と同じだから，r の動特性を表す．よって，右辺第2分数が β の動特性を表す．したがって，β の時定数は V/C である．よって，V/C がもう一つの手がかりである．

以上，二つの手がかりである C_x/I_x と K_x/I_x，V/C を使い式 (10.5) を整理すると，

$$s^3 + \left(\frac{C}{V} + \frac{h^2 m}{I_x} \cdot \frac{C}{V} + \frac{C_x}{I_x}\right)s^2 + \left(\frac{C}{V} \cdot \frac{C_x}{I_x} + \frac{K_x}{I_x}\right)s + \frac{C}{V} \cdot \frac{K_x}{I_x} = 0 \tag{10.10}$$

と書ける．したがって，この特性方程式は C_x/I_x，K_x/I_x，C/V に $h^2 m/I_x$ を加えた4変数で整理できるのである．

■ 10.2.2 ロールの共振モード

C/V の意味について考えよう．C が大きいほどタイヤやロールセンタは「路面」に対して横滑りしにくい．また，V が小さいほど，$\dot{\phi}$ が生じたときタイヤのスリップ角が大きくなるため，タイヤやロールセンタは「路面に対して」横滑りしにくい．したがって，C/V は路面とロールセンタとの**拘束**の強さを表すのである．この拘束の概念を図 10.4 に示す．

10.2 ロールの固有振動数とそのモード

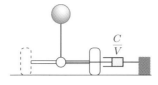

図 10.4 拘束の概念図

拘束の強さは C/V だから V が変化すると，ロールモードも変化するはずである．そこで，図 10.5 に M_d を加えたときのロールセンタの軌跡と重心の軌跡を示す．図 10.5(a) は完全な拘束（$C/V = \infty$）を想定した計算である．このとき，ロールセンタはほぼ直進し，重心が y 軸方向に変位するロールモードである（図 10.6(a)）．一方，図 10.5(b) は非拘束（$C/V = 0$）を想定した計算である．このときは重心はほぼ直

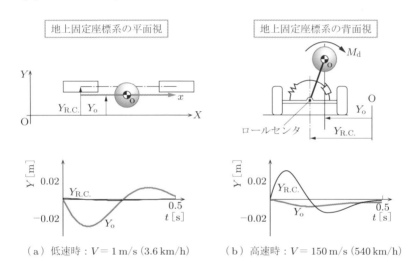

（a）低速時：$V = 1$ m/s (3.6 km/h)　　（b）高速時：$V = 150$ m/s (540 km/h)

図 10.5 V によるロール運動の違い：低速 (a) ではタイヤよりも車体が左右に動き，高速 (b) では車体よりもタイヤが左右に動く．（$C = 150$ (m/s²)/rad, $m = 2000$ kg, $l_\mathrm{f} = 1.5$ m, $l_\mathrm{r} = 1.5$ m, $h = 0.5$ m, $I_z = 4500$ kgm², $K_x = 150$ kNm/rad, $C_x = 6.00$ kNms/rad, $I_x = 500$ kgm², $M_\mathrm{d} = 1$ kNm）

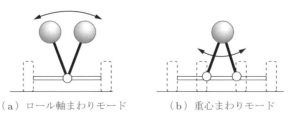

（a）ロール軸まわりモード　　（b）重心まわりモード

図 10.6 ロールモード

進し，ロールセンタが y 軸方向に変位する（図 10.6(b)）．このように，拘束の変化によってロールモードが変化するのである．そのため，ロール固有振動数も拘束の変化に応じて変化するはずである．

■ 10.2.3 ロールの固有振動数

特性方程式 (10.10) は s の 3 次式だから，s の解は三つある．そのうちの二つがロール運動に対応する解である[†]．その固有振動数をロール固有振動数とよび，ω_x と記す．ω_x の単位は rad/s である．

ロール軸まわりのロールの場合の ω_x は，完全な拘束として式 (10.10) を V 倍した式に $V = 0$ を代入することで，

$$\omega_x = \sqrt{\frac{K_x}{I_x + h^2 m}} \tag{10.11}$$

となる．

重心まわりのロールの場合の ω_x は，非拘束として式 (10.10) の $V \to \infty$ の極限を取ることで，

$$\omega_x = \sqrt{\frac{K_x}{I_x}} \tag{10.12}$$

となる．

つぎに，一般的な場合の ω_x を，式 (10.10) を数値的に解くことによって求め，横軸に拘束の強さ C/V，縦軸 ω_x をとった図によって表したものが図 10.7(a)(b)(c) である[43]．図 (a)(b)(c) は，C_x/I_x や K_x/I_x，$h^2 m/I_x$ の影響が示されている．これらの計算諸元は，それぞれの変数の上限と下限を想定している．これらの図では，ロール軸まわりロールの領域の目安は $\omega_x < (C/V)$ であり，重心まわりロールの領域の目安は $\omega_x > 3(C/V)$ であることが共通する．

さらに，$A > 0$ の車両の ω_x を計算した結果を図 10.7(d) に示す．拘束の計算に際して，$C/V = (C_\mathrm{f} + C_\mathrm{r})/(2V)$ とした．この計算諸元でもロール軸まわりロールの領域や，重心まわりロールの領域は，$A = 0$ の場合とほぼ同じである．

以上の結果，「ロール軸まわりロール」の領域の目安は $\omega_x < (C_\mathrm{f} + C_\mathrm{r})/2V$，「重心まわりロール」の領域の目安は $\omega_x > 3(C_\mathrm{f} + C_\mathrm{r})/2V$ なのである．

以上の結果を表 10.1 にまとめる．おおむね 90 km/h を超える車速域ではほぼ重心まわりにロール共振し，おおむね 40 km/h 以下の車速域ではほぼロール軸まわりにロール共振する．

[†] 残りの一つは，β の時定数である．

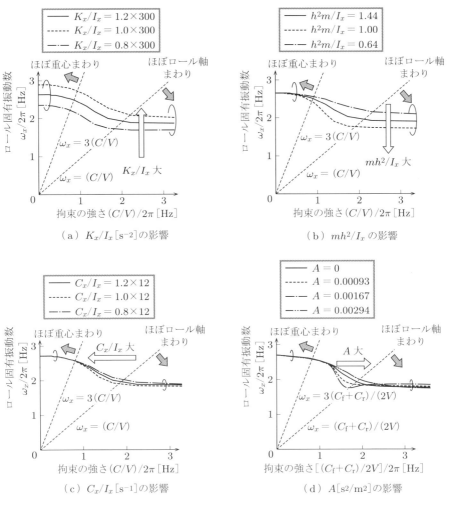

図 10.7 ロールの仕方の変化 ($K_x/I_x = 300 \text{ s}^{-2}$, $C_x/I_x = 12 \text{ s}^{-1}$, $h^2m/I_x = 1$, $C = 150 \text{ (m/s}^2)/\text{rad}$)

表 10.1 ロール固有振動数の目安

ロール共振の仕方	$\omega_x/2\pi$ [Hz]	車速域の目安	計算例
ロール軸まわり	$\dfrac{1}{2\pi}\sqrt{\dfrac{K_x}{I_x+h^2m}}$	$V < \dfrac{C_\text{f}+C_\text{r}}{2}\sqrt{\dfrac{I_x+h^2m}{K_x}}$	$V < 12$ m/s (43 km/h)
重心まわり	$\dfrac{1}{2\pi}\sqrt{\dfrac{K_x}{I_x}}$	$V > \dfrac{3(C_\text{f}+C_\text{r})}{2}\sqrt{\dfrac{I_x}{K_x}}$	$V > 24$ m/s (86 km/h)

10.3 ロール運動がヨー固有振動数に及ぼす影響

この節では，ロール運動がヨー固有周波数や減衰比に及ぼす影響について述べる．まず，ロールアーム長の影響について，つぎに後輪ロールステアの動的な影響について述べる．

■ 10.3.1 ロールアーム長

図 10.3 に示すようにロール角 ϕ が生じると，タイヤの接地点は y 方向に変位（横変位）する．この横変位は定常円旋回では見かけのスリップ角に影響しないが，$\dot{\phi}$ が生じると，式 (10.3)，(10.4) の ( ) 内第 3 項のように変化する．この見かけのスリップ角変化はタイヤの横剛性と同様に，コーナリングフォースに比例する．そこで，ロールによる横変位をタイヤの横剛性に換算することによって，ロールの影響を固有振動数や減衰に加味してみよう．結論を先に述べると，ロールの影響によって速応性が減少する（結論から知りたい方は，式 (10.21) にとんで頂きたい）．

図 3.7 で述べたように，$V = \sqrt{C_r l}$ のとき前後輪のコーナリングフォース $2F_\mathrm{f}$ と $2F_\mathrm{r}$ は互いに直交する．そこで，$2F_\mathrm{f}$ と $2F_\mathrm{r}$ による $\dot{\phi}$ を独立して扱う[†]．まず，単位コーナリングフォースあたりの接地点横変位を求める．$2F_\mathrm{f}$ によるロールモーメントのつり合いは

$$K_x \phi = 2 h_\mathrm{f} F_\mathrm{f} \tag{10.13}$$

である．ここで，K_x はロール剛性，h_f は前輪のロールアーム長である．ロールの場合，左輪分のコーナリングフォースによる横変位は右輪にも生じるのに対して，タイヤの横剛性の場合は，左輪のコーナリングフォースによる横変位は左輪だけに生じる．よって，前輪のロールアーム長の影響を等価的な前輪タイヤの横剛性 k_tf に換算すると，横変位 $h_\mathrm{f}\phi$ あたりの 1 輪分の F_f だから，

$$k_\mathrm{tf} \equiv \frac{F_\mathrm{f}}{\phi h_\mathrm{f}} = \frac{K_x}{2 h_\mathrm{f}^2} \tag{10.14}$$

となる．同様に，後輪のロールアーム長の影響を等価的な後輪タイヤの横剛性 k_tr に換算すると，

$$k_\mathrm{tr} \equiv \frac{F_\mathrm{r}}{\phi h_\mathrm{r}} = \frac{K_x}{2 h_\mathrm{r}^2} \tag{10.15}$$

となる．これらの式を式 (3.108)，(3.109) に代入すると，

[†] 第 5 章の接地点横移動量 Δy のロール成分は，$2F_\mathrm{f}$ と $2F_\mathrm{r}$ が同時に作用するときの ϕ であるのに対して，ここでの ϕ は，前輪の接地点横移動量を扱うときは $2F_\mathrm{f}$ だけによる ϕ，後輪の接地点横移動量を扱うときは $2F_\mathrm{r}$ だけによる ϕ であることが異なる．

$$\omega_\mathrm{n} \approx \sqrt{1 + \frac{h_\mathrm{f}^2 m_\mathrm{f}}{K_x} \cdot \frac{C_\mathrm{f}^2}{k_\mathrm{N} V^2} + \frac{h_\mathrm{r}^2 m_\mathrm{r}}{K_x} \cdot \frac{C_\mathrm{r}^2}{k_\mathrm{N} V^2}} \sqrt{\frac{C_\mathrm{r}}{k_\mathrm{N}^2 l} + \frac{C_\mathrm{f}}{k_\mathrm{N}^2 l}\left(\frac{lC_\mathrm{r}}{V^2} - 1\right)} \quad (10.16)$$

$$\zeta\omega_\mathrm{n} \approx \frac{C_\mathrm{f} + C_\mathrm{r}}{2k_\mathrm{N} V} + \frac{\left(\dfrac{1}{l} + \dfrac{C_\mathrm{f}}{V^2}\right)\dfrac{h_\mathrm{f}^2 m_\mathrm{f}}{K_x}C_\mathrm{f}^2 - \left(\dfrac{1}{l} - \dfrac{C_\mathrm{r}}{V^2}\right)\dfrac{h_\mathrm{r}^2 m_\mathrm{r}}{K_x}C_\mathrm{r}^2}{2k_\mathrm{N}^2 V} \quad (10.17)$$

となる．ここで，ω_n はヨー固有振動数，ζ はヨー減衰比であり，$2K_\mathrm{f}$ と $2K_\mathrm{r}$ はそれぞれ前後輪の等価コーナリングパワ，C_f と C_r は前後輪の等価コーナリング係数，k_N はヨー慣性半径係数，l はホイールベース，l_f は前輪〜重心間距離，l_r は重心〜後輪間距離，V は車速である．車両は $C_\mathrm{r} > C_\mathrm{f}$ となるように設計されるから，ロール運動によって $\zeta\omega_\mathrm{n}$ は減少し，ω_n は増加するのである．

■ **10.3.2 後輪ロールステアの動的影響**

後輪の等価コーナリング係数を増やすために，ロールステアを設定することがある．後輪ロールステアによる切れ角変化はロール角に比例する．ただし，ロール角と後輪の見かけのスリップ角のタイミングが一致するとは限らない．そこで，この節では，この時間差がヨー共振に及ぼす影響を調べる．この影響だけを抽出するために，後輪のロールステア係数 N_r の値によらず，後輪の等価コーナリング係数 C_r は一定であると仮定する．また，後輪ロールステアによって C_r を増やすことを想定して，$N_\mathrm{r} > 0$ とする．さらに，簡単のため式 (10.3)，(10.4) の中でだけ $h_\mathrm{f} = h_\mathrm{r} = 0$ とする．後輪の切れ角変化はロールステアだけとして，ロールステアを式 (1.61) に加味すると，$2F_\mathrm{r}$ は

$$2F_\mathrm{r} = -2K_\mathrm{tr}\left(\beta - \frac{l_\mathrm{r}}{V}r - N_\mathrm{r}\phi\right) \quad (10.18)$$

となる．ここで，K_tr は後輪のタイヤ単体のコーナリングパワである．この式と式 (1.61)，式 (1.59)，(1.60)，式 (10.1) とを解いて，後輪の見かけのスリップ角 α_r に対する $2F_\mathrm{r}$ の伝達関数 $2F_\mathrm{r}/\alpha_\mathrm{r}$ を求め，さらに，微分の記号 s を $s \approx 0$ とみなすことで $2F_\mathrm{r}/\alpha_\mathrm{r}$ を**複素コーナリングパワ形式**に近似すると，

$$\frac{2F_\mathrm{r}}{\alpha_\mathrm{r}} \approx -\left\{1 - \left[\left(1 - \frac{V}{k_\mathrm{N}^2 l_\mathrm{r}} \cdot \frac{C_x}{K_x}\right) N_\mathrm{r} \frac{2k_\mathrm{N}^2 l l_\mathrm{r} h}{l_\mathrm{f} K_x}\right]\frac{K_\mathrm{r}}{V}s\right\} C_\mathrm{r} m_\mathrm{r} \quad (10.19)$$

となる．ここで，C_x はロール減衰係数である．この式の [ ] 内が $1/k_\mathrm{r}$ に相当する項である．したがって，[ ] 内を式 (3.108)，(3.109) の $1/k_\mathrm{tr}$ に代入すると，

$$\omega_\mathrm{n} \approx \sqrt{1 + \left(1 - \frac{V}{k_\mathrm{N}^2 l_\mathrm{r}} \cdot \frac{C_x}{K_x}\right)N_\mathrm{r}\frac{2k_\mathrm{N}^2 l_\mathrm{r} h m_\mathrm{r}}{K_x} \cdot \frac{C_\mathrm{r}^2}{k_\mathrm{N} V^2}} \sqrt{\frac{C_\mathrm{r}}{k_\mathrm{N}^2 l} + \frac{C_\mathrm{f}}{k_\mathrm{N}^2 l}\left(\frac{lC_\mathrm{r}}{V^2} - 1\right)}$$

$$(10.20)$$

$$\zeta\omega_\mathrm{n} \approx \frac{C_\mathrm{f}+C_\mathrm{r}}{2k_\mathrm{N}V} + \frac{\left(\dfrac{1}{l}+\dfrac{C_\mathrm{f}}{V^2}\right)\left(1-\dfrac{V}{k_\mathrm{N}{}^2 l_\mathrm{r}}\cdot\dfrac{C_x}{K_x}\right)N_\mathrm{r}\dfrac{2k_\mathrm{N}{}^2 l_\mathrm{r}hm_\mathrm{r}}{K_x}C_\mathrm{r}{}^2}{2k_\mathrm{N}{}^2 V} \tag{10.21}$$

となる[44]．ここで，C_f は前輪の等価コーナリング係数である．式 (10.21) 右辺の第 2 分数の分子第 2 ( ) が 0 になる V は

$$V = \frac{k_\mathrm{N}{}^2 l_\mathrm{r} C_x}{K_x} \tag{10.22}$$

である．このとき，ロールステアの動的な効果はない．この V の目安はおよそ 80 km/h 程度である．この V よりも高速のとき，速応性 $\zeta\omega_\mathrm{n}$ が減る．したがって，後輪の等価コーナリング係数を増幅する場合，後輪のロールステアよりも横力コンプライアンスステアのほうが式 (10.22) よりも高速域で速応性が大きいのである．なお，$V \to \infty$ のとき ζ は負になり，不安定になる．

10.4 ロールに伴うピッチ運動

車体が前後に傾くことを**ピッチ**とよんだ．頭を左右に倒しても視界は変わらないが，頭を下に向けると視界が変わることからわかるように，人間の視覚はロールよりもピッチに敏感である．そのためピッチは，「目で感じる車体の動き」に直結し，ドライバは，前が下がるピッチ（前傾ピッチ）を好むと指摘されている．また，動的な操舵による旋回ではロールとピッチとのタイミングが一致すると，スムーズな旋回をしているかのような感覚が得られる（と錯覚する）．そこでこの節では，定常円旋回で生じるピッチについて述べた後，ロールとピッチとが同期する条件を紹介する[46]．

■ 10.4.1 定常円旋回におけるピッチ角

この項では，定常円旋回におけるピッチ角を導く（結論から知りたい方は，式 (10.31) にとんで頂きたい）．定常円旋回におけるピッチ角は，前輪や後輪のサスペンションのばねが伸び縮みすることによって生じる．伸縮が生じる原因は，ばねにはたらく力が車両の内力によって変化するからである．内力が生じる原因は二つある．一つ目は，ロール角が生じることにより，路面とサスペンションリンクとの相対角が変化することである．二つ目は，左右荷重移動によって，左右輪のコーナリングフォースに差が生じるためである．

まず，内力 = 0 の場合として，ロール角も左右荷重移動もない場合の前輪のばねにはたらく力を考えよう．図 10.8(a) は，横加速度が極めて小さく，ロール角 $\phi = 0$ かつ左右荷重移動 0 の場合を想定したものであり，左右輪のコーナリングフォースはともに F_f であるとする．まず，右輪に注目する．右輪について，タイヤの接地中

10.4 ロールに伴うピッチ運動   163

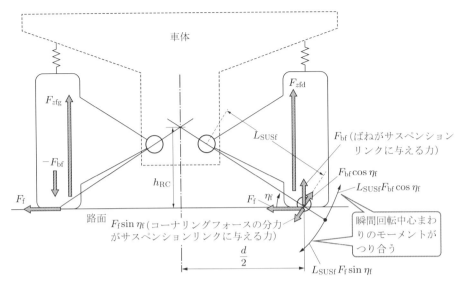

(a) サスペンションの瞬間回転中心まわりのモーメントのつり合い（前輪背面視）

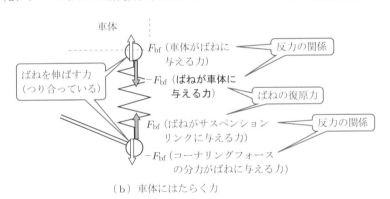

(b) 車体にはたらく力

図 10.8 車体にはたらくコーナリングフォースの成分

心から瞬間回転中心を結ぶ線が路面と成す角を η_f，瞬間回転中心からタイヤ接地点までの距離を L_{SUSf} と記す．つぎに，F_f をサスペンションリンクに対して平行な方向と垂直な方向とに分解すると，サスペンションリンク（リンク）に垂直にはたらく成分は $F_f \sin \eta_f$ である．そのため，F_f による時計回りのモーメント $L_{SUSf} F_f \sin \eta_f$ が瞬間中心まわりに生じる．一方，リンクのタイヤ側には，サスペンションのばねが繋がっている．リンクがばねから受ける力を F_{bf} とすると，F_{bf} のリンクに垂直な成分は $F_{bf} \cos \eta_f$ である．そのため，F_{bf} による反時計回りのモーメント $L_{SUSf} F_{bf} \cos \eta_f$ が瞬間中心まわりに生じる．よって，瞬間回転中心まわりのモーメントのつり合いは

$$F_{\mathrm{f}} \sin \eta_{\mathrm{f}} - F_{\mathrm{bf}} \cos \eta_{\mathrm{f}} = 0 \tag{10.23}$$

となるので，ばねがリンクに与える力 F_{bf} は

$$F_{\mathrm{bf}} = F_{\mathrm{f}} \tan \eta_{\mathrm{f}} \tag{10.24}$$

である．そのため，図 10.8(b) に示すように，F_{bf} と逆向きの力 $-F_{\mathrm{bf}} = -F_{\mathrm{f}} \tan \eta_{\mathrm{f}}$ が，ばねを伸ばす力の反力（ばね反力）として車体にはたらく．このように，右輪の F_{f} によって $-F_{\mathrm{f}} \tan \eta_{\mathrm{f}}$ のばね反力が車体に生じる．一方，左輪のリンクの角度は $-\eta_{\mathrm{f}}$ だから，左輪の F_{f} によるばね反力 $+F_{\mathrm{f}} \tan \eta_{\mathrm{f}}$ が車体にはたらく．したがって，左右輪のばね反力の合力は互いに打ち消しあう[†]．

つぎに，ばね反力の合力が生じる場面として，横加速度がある程度大きい場合を図 10.9 に示す．右輪を添え字 $_\mathrm{d}$，左輪を $_\mathrm{g}$ と記す．式 (4.5) で定義された前輪荷重移動配分比 q を使うと，右前輪の路面反力 $F_{z\mathrm{fd}}$ は

$$F_{z\mathrm{fd}} = \frac{m_{\mathrm{f}}}{2}g + q\frac{hma_y}{d} \tag{10.25}$$

となり，左前輪路面反力 $F_{z\mathrm{fg}}$ は

$$F_{z\mathrm{fg}} = \frac{m_{\mathrm{f}}}{2}g - q\frac{hma_y}{d} \tag{10.26}$$

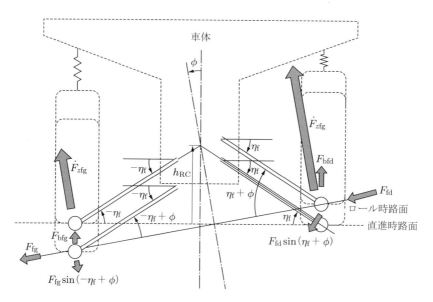

図 10.9 サスペンションリンクにはたらく力（車体基準）

[†] 左右輪のばね反力によるロールモーメントは，打ち消しあわず $-2h_{\mathrm{RCf}}F_{\mathrm{f}}$ である．したがって，前輪については重心高 h_{RCf} だけ短くなったのと等価である．

となる．ここで，m_f は前輪が負担する車両質量であり，g は重力加速度，h は重心位置のロールアーム長，m は車両質量，a_y は横加速度，d はトレッドである．したがって，コーナリングフォースが路面反力に比例すると仮定すると，右前輪のコーナリングフォース F_fd は

$$F_\mathrm{fd} = \frac{\dfrac{m_\mathrm{f}}{2}g + q\dfrac{hma_y}{d}}{\dfrac{m_\mathrm{f}}{2}g} \cdot \frac{m_\mathrm{f}}{2}a_y \tag{10.27}$$

となり，左前輪のコーナリングフォース F_fg は

$$F_\mathrm{fg} = \frac{\dfrac{m_\mathrm{f}}{2}g - q\dfrac{hma_y}{d}}{\dfrac{m_\mathrm{f}}{2}g} \cdot \frac{m_\mathrm{f}}{2}a_y \tag{10.28}$$

となる．

つぎに，ロール時の η_f について述べる．簡単のため，$L_\mathrm{SUSf} = \infty$ と仮定し，図 10.9 に示すように，ロールしても「車体」とアームの成す角 η_f は常に一定とする．そのため，「路面」とアームの成す角はロール角 ϕ の分増えて，右輪では $\phi + \eta_\mathrm{f}$，左輪では $\phi - \eta_\mathrm{f}$ となる．

以上の結果，内力 $= 0$ の場合と同様の計算をすると，前左右輪のばね反力の合力 F_bf は

$$F_\mathrm{bf} \approx \left\{ \frac{\dfrac{m_\mathrm{f}}{2}g + q\dfrac{hma_y}{d}}{\dfrac{m_\mathrm{f}}{2}g}(\phi + \tan\eta_\mathrm{f}) + \frac{\dfrac{m_\mathrm{f}}{2}g - q\dfrac{hma_y}{d}}{\dfrac{m_\mathrm{f}}{2}g}[\phi + \tan(-\eta_\mathrm{f})] \right\} \frac{m_\mathrm{f}}{2}a_y$$

$$\approx \left[m_\mathrm{f}\phi_1 + qm\frac{h_\mathrm{RCf}h}{(d/2)^2 g} \right] a_y{}^2 \tag{10.29}$$

となる．ここで，ϕ_1 は単位横加速度あたりのロール角であり，$\phi_1 = mh/K_x$ である．また，h_RCf は前輪のロールセンタ高さである．なお，この式の導出の過程で $\tan\eta_\mathrm{f} = h_\mathrm{RCf}/(d/2)$ の関係を使った．この式に近似記号がつく理由は，ϕ を微小と仮定して $\tan(\phi \pm \eta) \approx \phi \pm \tan\eta$ の近似を行ったからである．つぎに，前輪と同様に後左右輪のばね反力の合力 F_br は

$$F_\mathrm{br} \approx \left[m_\mathrm{r}\phi_1 + (1-q)m\frac{h_\mathrm{RCr}h}{(d/2)^2 g} \right] a_y{}^2 \tag{10.30}$$

となる．したがって，前輪の**ホイールレート**[†] を K_SUSf，後輪のホイールレートを K_SUSr と記すと，ピッチ角 θ は

[†] ホイール位置のサスペンションの左右同相のばね定数．

$$\theta = \frac{1}{l}\left[\frac{m_r\phi_1 + (1-q)m\dfrac{h_{\mathrm{RCr}}h}{(d/2)^2 g}}{2K_{\mathrm{SUSr}}} - \frac{m_f\phi_1 + qm\dfrac{h_{\mathrm{RCf}}h}{(d/2)^2 g}}{2K_{\mathrm{SUSf}}}\right]a_y{}^2 \quad (10.31)$$

となる．θ は $a_y{}^2$ に比例するため，θ の符号は a_y の正負に関係なく，常に一定である．したがって，前輪よりも後輪のロールセンタ高を高く設定することで，定常円旋回で前傾のロール姿勢に設定できるのである．なお，このとき前後輪のばねが伸縮するが，路面反力は変化しない．

■ 10.4.2 ロールとピッチとの時間差

動的な操舵においては，ピッチとロールとの時間差も「目で感じる車体の動き」に影響する[†]．ロール感や旋回感覚がよいとされる車両の特徴を図 10.10 に模式的に示す．ピッチとロールとの時間差が小さいほど，ロールやヨー運動が向上したかのような錯覚を受けるとされる（表 10.2）[6]．そこでこの項では，アブソーバによって，ロールとピッチとを同期させる条件を紹介する（結論から知りたい方は，式 (10.35) にとんで頂きたい）．

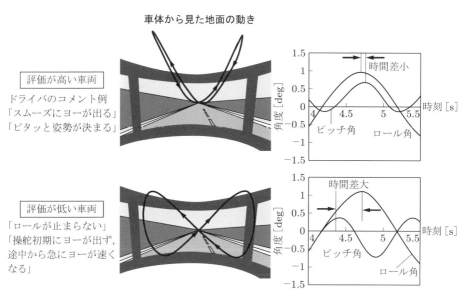

図 10.10 ロールとピッチとのタイミングの差がドライバの感覚に及ぼす影響：消失点の軌跡が U 字型だとロールとピッチのタイミングが合い，∞型では合ってない．このタイミングの差をドライバは旋回やロールとしても感じる（錯覚する）．そのため，ロールとピッチのタイミングは操舵応答やロール感としても重要である．

---

† ピッチとロールとのタイミングがずれても，ロールや r，β_r などの運動には有意な差はない．

表 10.2　ロールとピッチとが同期したときの表現例

表現（要旨）
「ロールが小さい」
「過渡的な操舵に車両がついてくる」
「操舵時に路面に吸い付く」
「旋回姿勢が決まる」
「リニアなロール」

図 10.11 に示すように，ショックアブソーバの減衰係数は，一般に伸びるときのほうが縮むときよりも大きい．そのため，図 10.12(a) に示すように，ロールしつつあるとき，伸び側と縮み側とで減衰力が異なり，その合力によって下向きの力が生じる．前輪サスペンションのタイヤ位置での減衰係数の伸縮差を ΔC_{f}，後輪を ΔC_{r} と記し，それらの符号は，伸び側の減衰力が縮み側の減衰力よりも大きいときを正とすると，$\dot{\phi}$ が生じたときに前輪から車体が受ける上向きの力は $-(d/2)\Delta C_{\mathrm{f}}|\dot{\phi}|$，後輪は $-(d/2)\Delta C_{\mathrm{r}}|\dot{\phi}|$ となる．そのため，図 (b) に示すように，y 軸まわりのモーメント（ピッチモーメント）が生じるのである．なお，$\dot{\phi}$ の絶対値をとる理由は，たとえば，ΔC_{f} や ΔC_{r} が正なら，左右どちらにロールしても下向きの力が生じ，かつ力の大きさはロール角速度に比例するからである．

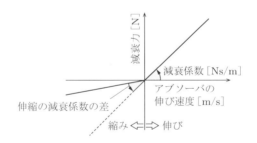

図 10.11　ショックアブソーバの減衰係数の伸縮の差

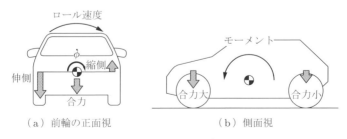

（a）前輪の正面視　　　　　　　（b）側面視

図 10.12　ロール角速度によるピッチモーメント

つぎに，ピッチの運動方程式について述べる．前輪〜重心間距離を l_f，重心〜後輪間距離を l_r，ホイールベースを l として $l_\mathrm{f} \approx l_\mathrm{r} \approx l/2$ と近似し，さらに $\Delta C = \Delta C_\mathrm{f} - \Delta C_\mathrm{r}$ と記すと，回転運動の方程式は「慣性モーメント×角加速度=モーメント」だから，y 軸まわりの運動方程式は

$$I_y \ddot{\theta} \approx -C_y \dot{\theta} - K_y \theta - \frac{l}{2}\left[m_\mathrm{f}\phi_1 + qm\frac{h_\mathrm{RCf}h}{(d/2)^2 g}\right]\left(\frac{2F_\mathrm{f}}{m_\mathrm{f}}\right)^2$$
$$+ \frac{l}{2}\left[m_\mathrm{r}\phi_1 + (1-q)m\frac{h_\mathrm{RCr}h}{(d/2)^2 g}\right]\left(\frac{2F_\mathrm{r}}{m_\mathrm{r}}\right)^2 + \frac{l}{2}\cdot\frac{d}{2}\Delta C|\dot{\phi}| \quad (10.32)$$

となる（I_y はピッチ慣性モーメントである．K_y はピッチ剛性であり，単位は Nm/rad，C_y はピッチ減衰係数であり，単位は Nm/(rad/s) である）．なお，この式を導くにあたり，$2F_\mathrm{f} \approx m_\mathrm{f} a_y$，$2F_\mathrm{r} \approx m_\mathrm{r} a_y$ と近似した[†]．

まず，自由振動のピッチ応答を求めよう．この式の右辺を $a_y = 0$，$\dot{\phi} = 0$ とし，さらに，時間微分記号を s で置き換えた式を式 (3.15) と比較することで，

$$\omega_y = \sqrt{\frac{K_y}{I_y}} \quad (10.33)$$

$$\zeta_y \omega_y = \frac{C_y}{2I_y} \quad (10.34)$$

の関係が得られる．ω_y をピッチ固有振動数とよび，単位は rad/s である．ζ_y はピッチ減衰比であり，単位は無次元である．

つぎに，ロールとピッチとのタイミングを合わせる方法を述べる．式 (10.32) の右辺の $2F_\mathrm{f}$ や $2F_\mathrm{r}$，$\dot{\phi}$ がピッチモーメントの原因であり，これらの発生タイミングは互いに異なる．$|\phi|$ と θ との位相を合わせるためには，設計自由度が最も大きいとされる ΔC を設定することが有効である．横加速度の振幅 $|a_y|$ [m/s^2]，角周波数 π rad/s （0.5 Hz）のスラローム下で，$|\phi|$ と θ との位相が合う ΔC は

$$\Delta C = \frac{3}{2dl\phi_1 |a_y|}\bigg[(G_\mathrm{f}\cos 2\pi\tau_\mathrm{f} + G_\mathrm{r}\cos 2\pi\tau_\mathrm{r})$$
$$- \frac{4\pi^2 - \omega_y^2}{4\pi\zeta_y\omega_y}(G_\mathrm{f}\sin 2\pi\tau_\mathrm{f} + G_\mathrm{r}\sin 2\pi\tau_\mathrm{r})\bigg] \quad (10.35)$$

とされる．ここで，G_f は式 (10.32) の右辺第 3 項の [ ] 内であり，G_r は右辺第 4 項の [ ] 内である．また，τ_f は ϕ を基準にしたときの $2F_\mathrm{f}$ の遅れ時間，τ_r は ϕ を基準にしたときの $2F_\mathrm{r}$ の遅れ時間である．したがって，C_f や C_r が変化するとロールとピッチとの時間差が変化することがある．

以上のように，ショックアブソーバの伸縮差の前後差を適値に設定することによっ

[†] この近似は，頭振りモードや尻振りモードが顕著なほど，その誤差は大きくなる．

て，ロールとピッチとのタイミングが合う．これによって，「目で感じる車体の動き」が向上し，操舵に対するスムーズな旋回感覚やロール感が得られるのである．

第11章
スポーツ走行における旋回限界

　操縦安定性は,「気持ちよく曲げる」次元で他車と競合している.気持ちよく曲げる場面の一つに**スポーツ走行**がある.スポーツ走行のインプレッション記事の内容によってスポーティーなイメージが醸成されたり,自らスポーツ走行を楽しむユーザーもいるので,スポーティー志向の車両にとってスポーツ走行性能は目玉商品の一つである.

　スポーツ走行に適した車両の一つはフォーミュラ1（F1）車両であろう.現代のF1車両はドライバの後ろにエンジンがあるが,1950年代までは,ドライバの前にエンジンがある車両も存在していたが,その後,搭載位置はドライバの後ろに統一された.その理由は,エンジンが後ろにあるほど車両重心も後ろよりになり,後輪駆動車では,重心位置が後ろ寄りのほうが,カーブの進入の際ブレーキを踏むタイミングを遅らせて,脱出の際アクセルを踏むタイミングを早くできるからである.

　このように,重心の前後位置はスポーツ走行に影響し,重心位置はエンジン搭載位置などの車両の企画（以後,**車両企画諸元**）によって決まる.そこでこの章では,スポーツ走行性能を重視する車両の企画段階の性能設計のために,まず加減速中の旋回の限界の計算法を,つぎに重心の前後位置や駆動輪の位置と旋回限界との関係について述べる.

　なお,スポーツ走行性能は,制動しながら障害物を回避する性能と共通するため,一般車にとっても重要である.

11.1　旋回限界の表し方

　この節では,レースなどで使われる **G-G 線図** の計算法を述べる.G-G 線図とは,横加速度と前後加速度の平面における走行履歴の包絡線によって,旋回や加減速の限界を表すものである（結論から知りたい方は,11.2 節の図 11.3 にとんで頂きたい）.

　車両企画諸元の検討に適したモデルとして,図 11.1 に示す前後 1 輪ずつの車両を想定する.そのため,前輪のコーナリングフォースを F_f,後輪のコーナリングフォースを F_r と表し,$2F_\mathrm{f}$ や $2F_\mathrm{r}$ とは書かない.また,最大コーナリングフォースは,図

11.1 旋回限界の表し方

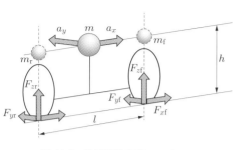

図 11.1 旋回限界車両のモデル

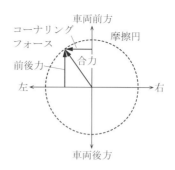

図 11.2 タイヤの摩擦円

11.2 に示す摩擦円によって決まると仮定する．摩擦円とは，前後力とコーナリングフォースの合力の最大値は一定であるとする考え方である．

計算の流れは，入力としてある前後加速度 a_x を指定して，それに応じた旋回限界を出力として求める順である．

まず，a_x を指定すると，前後輪の路面反力も決まる．すなわち，前輪の路面反力を F_{zf}，後輪の路面反力を F_{zr} とすると，式 (5.12) から

$$F_{zf} = m_f g - \frac{h}{l} m a_x \tag{11.1}$$

$$F_{zr} = m_r g + \frac{h}{l} m a_x \tag{11.2}$$

となる．ここで，m は車両質量であり，m_f と m_r は前後輪が負担する車両質量，g は重力加速度，h は重心高，l はホイールベースである．

つぎに，前後輪の合計の前後力 F_x は，ニュートンの法則から，

$$F_x = m a_x \tag{11.3}$$

である．この F_x を前後輪に配分する．前輪の前後力配分比を T_f，後輪の前後力配分比を T_r と記す．T_f や T_r は，制動のときは制動力配分比を，加速のときは駆動力配分比を表す．もちろん，$T_f + T_r = 1$ である．T_f や T_r を使って，前輪の前後力 F_{xf} と後輪の前後力 F_{xr} を表すと，

$$F_{xf} = T_f m a_x \tag{11.4}$$

$$F_{xr} = T_r m a_x \tag{11.5}$$

となる．

F_{xf} や F_{xr} の上限を考えよう．前輪の摩擦係数を μ_f，後輪の摩擦係数を μ_r と記すと，前輪の摩擦力は $\mu_f F_{zf}$，後輪の摩擦力は $\mu_r F_{zr}$ となる．

第11章 スポーツ走行における旋回限界

つぎに，最大コーナリングフォースを求めよう．摩擦力と前後力と最大コーナリングフォースとの関係を，図 11.2 に示したように，

$$(摩擦力)^2 = (前後力)^2 + (最大コーナリングフォース)^2$$

と仮定する．よって，前後輪の最大コーナリングフォース F_{yf} と F_{yr} は，それぞれ

$$F_{yf} = \sqrt{(\mu_f F_{zf})^2 - F_{xf}^2} = \sqrt{\left[\mu_f\left(m_f g - \frac{h}{l} m a_x\right)\right]^2 - (T_f m a_x)^2} \tag{11.6}$$

$$F_{yr} = \sqrt{(\mu_r F_{zr})^2 - F_{xr}^2} = \sqrt{\left[\mu_r\left(m_r g + \frac{h}{l} m a_x\right)\right]^2 - (T_r m a_x)^2} \tag{11.7}$$

となる．

したがって，前輪が出せる最大横加速度 a_{yf} と，後輪が出せる最大横加速度 a_{yr} は，それぞれ $a_{yf} = F_{yf}/m_f$，$a_{yr} = F_{yr}/m_r$ だから，これらの式に式 (11.6)，(11.7) を代入して計算すると，

$$a_{yf} = \frac{\sqrt{\left[\mu_f\left(m_f g - \frac{h}{l} m a_x\right)\right]^2 - (T_f m a_x)^2}}{m_f} \tag{11.8}$$

$$a_{yr} = \frac{\sqrt{\left[\mu_r\left(m_r g + \frac{h}{l} m a_x\right)\right]^2 - (T_r m a_x)^2}}{m_r} \tag{11.9}$$

となる．これらのうち小さいほうが，指定された a_x における最大横加速度 $a_{y\max}$ になるのである．また，$a_{yf} < a_{yr}$ ならば最終プラウ，$a_{yf} > a_{yr}$ ならば最終スピンである．

最後に，前後輪が同じ側（たとえば，ともに左側）に最大コーナリングフォースを生じているときの過渡最大横加速度 $a_{y\max T}$ は，式 (4.9) から，

$$a_{y\max T} = \frac{\sqrt{\left[\mu_f\left(m_f g - \frac{h}{l} m a_x\right)\right]^2 - (T_f m a_x)^2} + \sqrt{\left[\mu_r\left(m_r g + \frac{h}{l} m a_x\right)\right]^2 - (T_r m a_x)^2}}{m} \tag{11.10}$$

となる．横軸に a_x をとり，a_x を変化させたときの a_{yf} や a_{yr}，$a_{y\max T}$ を縦軸に図示することで G-G 線図が描ける．なお，厳密には，式 (11.4)，(11.5) の計算において，$|F_{xf}| > \mu_f F_{zf}$ か $|F_{xr}| > \mu_r F_{zr}$（片輪ロックや片輪空転）の場合，前後力配分比は，あらかじめ指定した T_f から変化する．

11.2 車両企画諸元が旋回限界に及ぼす影響

この節では，車両の基本レイアウトである**エンジン配置**（前後荷重配分）や**駆動輪位置**（前輪駆動・後輪駆動・4 輪駆動）が旋回限界に及ぼす影響について述べる．

まず，4 輪駆動車の単純な場合として，前後駆動力配分 T_f と T_r を，加速時も制動時も，制動でいう「理想制動力配分比」で前後輪に分けるために $T_\mathrm{f}/T_\mathrm{r} = F_{z\mathrm{f}}/F_{z\mathrm{r}}$ （$F_{z\mathrm{f}}$, $F_{z\mathrm{r}}$ は前後輪の路面反力）とし，さらに，前後輪の等価摩擦係数を $\mu_\mathrm{f} = \mu_\mathrm{r}$，前後輪が負担する車両質量を $m_\mathrm{f} = m_\mathrm{r} = m/2$（$m$ は車両質量）とした場合の G-G 線図を図 11.3(a) に示す．なお，添え字 $_\mathrm{f}$, $_\mathrm{r}$ はそれぞれ前輪と後輪を表す．この図の $a_{y\mathrm{maxT}}$ はほぼ円形であり，タイヤの摩擦円（図 11.2）に似る．一方，最大横加速度 $a_{y\mathrm{max}}$ は減速側も加速側も三角形に似る．また減速側では最終スピン，加速側では最終プラウである．

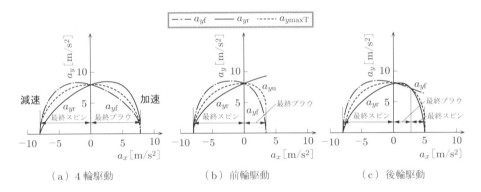

図 11.3　G-G 線図：(a) は 4 輪駆動車の単純な場合を想定し，$\mu_\mathrm{f} = \mu_\mathrm{r} = 0.8$, $m_\mathrm{f} = m_\mathrm{r} = m/2 = 750$ kg, ホイールベース $l = 2.6$ m, 重心高 $h = 0.55$ m, 重力加速度 $g = 10$ m/s^2, $T_\mathrm{f}/T_\mathrm{r} = F_{z\mathrm{f}}/F_{z\mathrm{r}}$ として計算した．(b) は前輪駆動車として，(a) の計算諸元から加速時だけ $T_\mathrm{f} = 1$ とした．(c) は後輪駆動車として，(a) の計算諸元から加速時だけ $T_\mathrm{r} = 1$ とした．なお，この計算には表計算ソフトを使った．

図 11.3(a) の駆動輪を前輪に変更したものが図 (b) である．駆動輪が減ったため，加速側の $a_{y\mathrm{max}}$ は，4 輪駆動の場合よりも減る．

図 11.3(a) の駆動輪を後輪に変更したものが図 (c) である．駆動輪が減ったため，加速側の $a_{y\mathrm{max}}$ は，4 輪駆動の場合よりも減るが，前輪駆動の場合よりは大きい．これは，前輪駆動の場合，駆動輪の路面反力 $F_{z\mathrm{f}}$ は前後加速度 a_x が大きくなるにつれて減るのに対し，後輪駆動の場合 $F_{z\mathrm{r}}$ は a_x が大きくなるにつれて増えるからである．なお，後輪駆動の場合，加速側で最終スピンになることがある．

図 11.4 は，車両企画諸元が旋回限界に及ぼす影響を示したものである．図 (a) は

FF（front engine front wheel drive）車を，図 (b) は FR（front engine rear wheel drive）車を，図 (c) は RR（rear engine rear wheel drive）車や MR 車（mid-ship engine rear wheel drive）を想定したものである．これらの車両の旋回限界のおもな違いは加速側である．前輪や後輪が出せる最大横加速度 a_{yf}, a_{yr} に注目すると，加速側の $a_{yf} > a_{yr}$ の領域では a_{yr} が，図 (a) よりも図 (b) のほうが，図 (b) よりも図 (c) のほうが大きい．したがって，コーナーからの立ち上がりでアクセルを全開にできるタイミングは，おおむね図 (c), (b), (a) の順で早い．ただし，後輪駆動車では，後輪タイヤスリップ角を大きく保つ（**ドリフト**）走行を楽しむ場合がある．ドリフトを駆動力によってコントロールするためには，a_{yr} が小さいほど，摩擦円の半径に対する駆動力の割合が大きくなる．したがって，後輪荷重配分比 m_r/m が小さいほどドリフトを駆動力によってコントロールしやすい．また，加速側ほど顕著ではないが，減速側でも m_r/m が大きいほど，旋回限界が高い．この理由は，減速側では a_{yr} で限界が決まり，減速にともなう摩擦円の減り方は，式 (11.2) から m_r/m が大きいほど F_{zr} が減りにくいからである．以上のように，前輪駆動車よりも後輪駆動車のほうが，加速時も減速時も旋回限界は高い．

なお，駆動系やエンジンには慣性モーメントがあり，その量を m に換算すると，トップギヤで $1.1m$ 程度，第 1 速では $2.7m$ 程度との報告があり[7]，これが m に付加

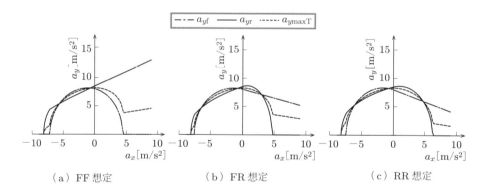

（a）FF 想定　　　　　　（b）FR 想定　　　　　　（c）RR 想定

図 11.4　G-G 線図：エンジン配置と駆動輪：(a) は FF 車を想定し，$\mu_f = 0.8$, $\mu_r = 0.85$, $m_f/m = 0.65$, $m = 1500$ kg, $l = 2.6$ m, $h = 0.55$ m, $g = 10$ m/s^2, $T_f = 1$ ($a_x > 0$), $T_f = 0.9$ ($a_x < 0$) として計算した．(b) は FR 車を想定し，$\mu_f = 0.8$, $\mu_r = 0.85$, $m_f/m = 0.55$, $m = 1500$ kg, $l = 2.6$ m, $h = 0.55$ m, $g = 10$ m/s^2, $T_r = 1$ ($a_x > 0$), $T_f = 0.75$ ($a_x < 0$) として計算した．(c) は MR 車や RR 車を想定し，$\mu_f = 0.8$, $\mu_r = 0.85$, $m_f/m = 0.4$, $m = 1500$ kg, $l = 2.6$ m, $h = 0.55$ m, $g = 10$ m/s^2, $T_r = 1$ ($a_x > 0$), $T_f = 0.6$ ($a_x < 0$) として計算した．なお，この計算には表計算ソフトを使った．

される．そのため，加速だけについての車両質量はおよそ $2.1m\sim 3.7m$ になる．したがって，加速側の本来の a_x はギヤ位置に応じて，およそ $1/3.7\sim 1/2.1$ 倍する必要がある．

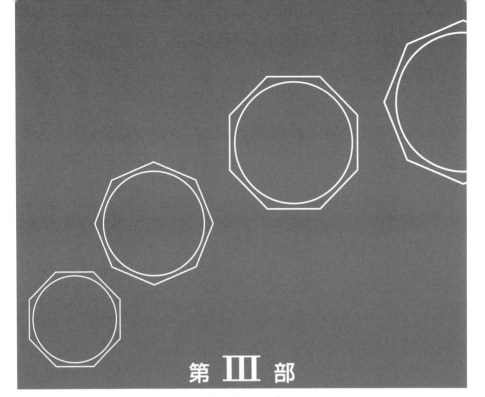

第 III 部

性能設計

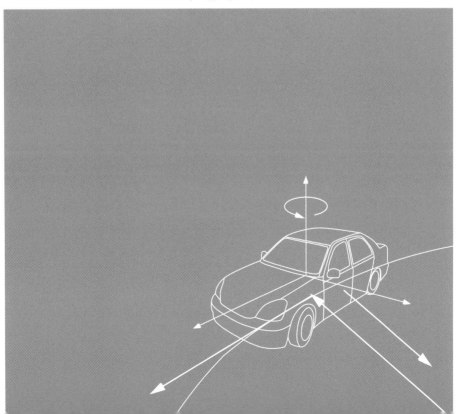

第12章
諸性能の両立・向上技術

この章では，操縦安定性の諸性能の性能設計の方法について述べる．まず，12.1節では性能設計の視点から諸性能の両立・背反を考え，それをもとに性能設計手順について，エンジニアの立場ごとに述べる．また，12.2節は操縦安定性の性能設計担当者向け，12.3節はシャシ設計者や部品メーカーの方向け，12.4節は操縦安定性の性能開発部署のマネージャーや車両を企画する統括的なエンジニア向けの性能設計手順である．

12.1 車両諸元と諸性能との関係

この節では，性能設計の視点から諸性能の両立・背反を考えよう．

第2章から第11章のまとめとして，一般的な条件を想定して，車両の各物理量を増やしたときの性能変化を示したものを表12.1に示す．なお，この図において，良し悪しが明確なものは○△▽■で，良し悪しが一意には決まらないものは応答指標の増加・微増・微減・減少で示した．また，まったく影響がないものはブランクに，性能変化はあるが一長一短のものは "?" を付した．

以下，車両諸元ごとに諸性能を確認する．

前輪等価コーナリング係数

前輪等価コーナリング係数 C_f を増加させると向上する性能から述べる．まず，ポジションコントロールにおける速応性 $\zeta\omega_n$ が増加する．つぎに，フォースコントロールのスタビリティファクタ B も増加する．さらに，操舵系の固有振動数 ω_a や速応性 $\zeta_a\omega_a$ も増加する．そのため，「手で感じるハンドルの動き」が向上すると考えられる．

一方，C_f を増加させると悪化する性能は旋回中の減速時安定性である．なぜなら，ポジションコントロールのスタビリティファクタ A が減るため，横加速度変化率 $a_y/a_{y0} - 1$ が大きくなるからである．

また，C_f が変化すると，Norman指標も変化し，さらにロール固有振動数や，ロールとピッチとの時間差も変化するが，それらの変化は前提条件に依存するので，向上とも悪化ともいえない．また，ポジションコントロールのスタビリティファクタ A

が減るため，車両流れや轍取られの流れ量が増えるが，ほかに根本的な対策法あるので，その影響は無視してよいと考えられる．

以上を大局的観点からまとめると，操縦性を重視するなら C_f を大きめに，安定性を重視するなら小さめに設定する．なお，C_f は最大積載状態で定義する．

後輪等価コーナリング係数

後輪等価コーナリング係数 C_r が大きいほど向上する性能から述べる．まず，旋回姿勢を表す β_r が減るので，尻流れ感が減る．つぎに，ω_n や $\zeta\omega_n$ が増えるので，ポジションコントロール下の応答が早くなる．また，ヨー進み時定数 T_r が小さくなるので，操舵初期の後輪まわりの回転運動が減るとともに，横加速度が大きくなる．そのため，「腰で感じる車の動き」が向上する．このとき，操舵反トルクの抜け β_f が減るとともに，舵角に対する操舵反トルクの遅れも減る．したがって，「手で感じるハンドルからの力」も向上する．さらに，フォースコントロールでは，車体系の固有振動数 ω_b とその速応性 $\zeta_b\omega_b$ が大きくなる．また，後輪横力飽和最低車速 V_S が増えるので，後輪横力飽和しにくくなる．そのため，過渡最大横加速度 $a_{y\mathrm{maxT}}$ が発生する機会が減るので，耐転覆性能にも効果があると考えられる．さらに，旋回中の減速時安定性を示す横加速度変化率 $a_y/a_{y0} - 1$ も小さくなる．なお，ポジションコントロールのスタビリティファクタ A が増加するため，車両流れや轍取られの流れ量が減るが，ほかに根本的な対策がある．そのため，C_r が車両流れや轍取られに及ぼす悪影響は無視してよいと考えられる．

つぎに，C_r が大きいほど悪化する性能としては，フォースコントロールのスタビリティファクタ B が減少するので，B が 2 に近いときは要注意である．

また，ポジションコントロールのスタビリティファクタ A が増加するとともに，Norman 指標も変化し，またロール固有振動数，さらにロールとピッチとの時間差にも影響するが，その影響は前提条件に依存するので，向上とも悪化ともいえない．

以上のことから，後輪コーナリング係数は，各性能間で背反などがほとんどなく，C_r が大きいほど性能が向上する．したがって，C_r をできるだけ大きく設定するべきである．C_f と C_r がポジションコントロール応答性に及ぼす影響を図 12.1 に示す．なお，C_r は最大積載状態で定義する．

表12.1 車両の物理量と各性能との関係

凡例:
- ○ 向上
- △ 僅かに向上
- ▽ 僅かに悪化
- ■ 悪化
- (空欄) 影響なし
- ↗ 増加
- ↗(細) 微増
- ↘(細) 微減
- ↘ 減少
- ? 性能変更はあるが一長一短

設計変数		定常円旋回 β/a_y	スタビリティファクタ A	ヨー固有振動数 ω_n	ヨー速応性 $\zeta\omega_n$	操舵直後の応答 T_r	操舵反トルクの抜け β_f	舵の重さ	Normanの指標群	スタビリティファクタ B	操舵系の固有振動数 ω_a	操舵系の速応性 $\zeta_a\omega_a$
等価コーナリング係数	C_f 増		↘	?	○				?	○	○	↗
	C_r 増	○	↗	○	○	○	○		?	▽		
タイヤ横剛性 k_t 増				▽	△							
トレール ζ 増			↗	?	▽		↗	?		○	○	↘(細)
操舵系ねじり剛性 G_{st} 増			↘	?	○				?			↗
ハンドル慣性モーメント I_h 減											○	○
操舵系の減衰係数 D_h 増												↗
パワステアリングのパワーアシスト力増			↘(細)	?	↘(細)			↘	?		■	■
全ロール剛性 K_x 増				▽	△							
ロールアーム長 h_f, h_r 減				▽	△							
ロールセンタ高	h_{RCf} 減											
	h_{RCr} 増											
アブソーバ伸縮差の前後差 ΔC 増												
等価摩擦係数	μ_f 増											
	μ_r 増											
前後荷重移動に対する等価コーナリングパワの変化 e_f, e_r 増												
剰余モーメント M_0 増												
キャンバスティフネス係数 C_c 増												

12.1 車両諸元と諸性能との関係

フォースコントロール		ロール					限界性能				減速時安定性	外乱安定性	
車体系固有振動数 ε_b	車体系の速応性 $\zeta_b\omega_b$	ロールの大きさ ϕ	重心まわり固有振動数	ロール軸まわり固有振動数	ロール姿勢	ロールとピッチとの時間差	最大横加速度 a_{ymax}	復原ヨー角速度 $\dot{r}_{plow}$	後輪横力飽和最低車速 V_s	転覆のしにくさ $a_{yR.O.}$	横加速度変化率 $a_y/a_{y0}-1$	車両流れ	轍路安定性
			↘	↘		?					▽		△
○	○		↘	↘		?			○	△	○		▽
										△	○		
											△	?	▽
			↘	↘		?					▽		△
		○	↗	↗		?				△	○		
		○		↗	?	?				○	○		
					○	?				△			
					○	?				▽			
						適値は式(10.35)							
							○	■	■	■			
								○	○	?			
											適値=0		
												適値=$\zeta m_f g\theta$	
													適値=1

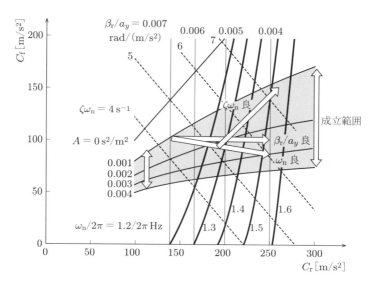

図 12.1 舵角に対する車両応答の性能のまとめ

タイヤの横剛性

タイヤの横剛性が増えると，接地点横移動量が減るためにポジションコントロールの速応性 $\zeta\omega_n$ が増加する．したがって，横剛性が高いほど操縦性が向上する．ただし，ヨー固有振動数 ω_n がわずかに減る．また，旋回中の減速時の横加速度変化率 $a_y/a_{y0} - 1$ も減り，さらに耐転覆性能も向上する．

トレール

トレール ξ が大きいほど操舵系の固有振動数が増えるので，トルクに対する舵角の応答が速くなる．したがって，「手で感じるハンドルの動き」が向上する．一方，キングピン軸まわりのトルクが増えるため，操舵系のねじり剛性 G_{st} による切れ角変化が増え，前輪等価コーナリング係数 C_f が減る．そのため，ポジションコントロールの速応性 $\zeta\omega_n$ は減る．さらに，ポジションコントロールのスタビリティファクタ A が増えるため，C_f の項で述べたように旋回中の減速時の横加速度変化率が減り，車両流れや轍取られが大きくなる側である．また，ξ が大きいほど舵が重くなるが，それが向上か悪化かは舵の重さの初期値に依存するので，一概にはいえない．

操舵系のねじり剛性

操舵系のねじり剛性 G_{st} の増加は，前輪等価コーナリング係数 C_f の増加と等価である．したがって，「前輪等価コーナリング係数」の項目の C_f を G_{st} に読み替えて頂きたい．

ハンドルの慣性モーメント

ハンドル慣性モーメント係数 I_{hN} が小さいほど操舵系の固有振動数が増えるので，トルクに対する舵角の応答が速くなる．そのため，「手で感じるハンドルの動き」が向上する．なお，背反はない．

操舵系の減衰係数

操舵系減衰係数 D_h を増やすと，操舵系の減衰比 ζ_a も増える．操舵系の減衰比の適値の目安は $\zeta_a = 0.1 \sim 0.2$ 程度なので，これを満たすように D_h を設定する．

パワステアリングのパワーアシスト力

パワーステアリングのパワーアシスト力の増加は，トレールの減少として扱うことができる．そのため，パワーアシスト力を増やすと，フォースコントロールのスタビリティファクタ B が減るとともに，操舵系の固有振動数 ω_a も減る．したがって，「手で感じるハンドルの動き」は悪化する．一方，舵の重さなど Norman 指標には適値があるので，「手で感じるハンドルからの力」については一概にはいえない．また，トルクと横加速度との関係だけでなく，舵角に対する横ゲインによってもパワーアシスト力の適値は変わる．

全ロール剛性

全ロール剛性が大きいほど性能が向上する性能は，まず，ロールの大きさ ϕ_1 の減少である．これにより「目で感じる車体の動き」が向上する．また，接地点横移動量が減るためにポジションコントロールの速応性や旋回中の減速時の安定性，耐転覆性が向上する．ただし，ヨー固有振動数 ω_n がわずかに減る．また，ロール固有振動数も増加し，それとともにロールとピッチとの時間差も変化するが，その変化の良し悪しは条件次第である．

ロールアーム長

ロールアーム長が減ると性能が向上する性能は，まず，ロールの大きさ ϕ_1 である．さらに，旋回中の接地点横移動量が減るため，ポジションコントロールの速応性や旋回中の減速時の安定性，耐転覆性が向上する．また，良し悪しは一概にいえないが，ロール軸まわりの固有振動数が増えるとともに，ロールとピッチとのタイミングが変化する．ただし，ヨー固有振動数 ω_n がわずかに減る．

ロールセンタ高

前輪のロールセンタよりも後輪のロールセンタを高くすると，定常円旋回で前傾ピッチになるので，ロール姿勢が向上する．そのため，「目で感じる車体の動き」が

向上する．また，前後輪のロールセンタ高を変化させると，ロールとピッチの時間差が変化するが，その良し悪しは条件次第である．なお，重心高一定でロールセンタ高を変化させるとロールアーム長が変わるので，その効果は「ロールアーム長」の項目に記したとおりである．なお，ロールセンタを高くすると，耐転覆性能が低下することがある．

ショックアブソーバ減衰力の伸縮差の前後差

ショックアブソーバ減衰力の伸縮差の前後差 ΔC を適値にすると，ロールとピッチとの時間差を 0 にできるため，視覚による旋回感覚「目で感じる車体の動き」が向上する．これによる背反はないと考えられる．

前輪の等価摩擦係数

まず，最終プラウに設定する必要があるから，$\mu_f < \mu_r$ となるように μ_f を設定する必要がある．この範囲の中で μ_f を大きい側に設定すると最大横加速度 $a_{y\max}$ が増えるが，$a_{y\max}$ における後輪の余力が減るため，$\dot{r}_{\mathrm{plow}}$ も減る．

また，耐転覆性の低い車両の場合，μ_f が大きいほど，過渡最大横加速度 $a_{y\max\mathrm{T}}$ が増える．これは，転覆しやすい側に作用するとともに，スピンしやすくなる．そのため，$a_{y\max\mathrm{T}}$ を発生する機会も増えるので，耐転覆性能は悪化する．したがって，この場合は耐転覆性を最優先にして μ_f 設定する．

後輪の等価摩擦係数

後輪の等価摩擦係数 μ_r が大きいほど，最終プラウ傾向が強くなる．そのため，スピンしにくくなるとともに，後輪横力飽和しにくい．したがって，μ_r をできるだけ大きく設定することが基本である．

なお，耐転覆性の低い車両の場合，μ_r が大きいほど，過渡最大横加速度 $a_{y\max\mathrm{T}}$ が増える．これは転覆しやすい側に作用するが，その一方スピンしにくくなるため，$a_{y\max\mathrm{T}}$ を発生する機会は減るはずである．したがって，耐転覆性が向上するとも悪化するとも断定できない．

前後荷重移動に対する等価コーナリングパワの変化

前後荷重移動に対する等価コーナリングパワ変化係数 e_f と e_r は，ともに 0 に近いほど，旋回中の減速時の安定性が向上する．背反する性能はないので，$e_f = e_r = 0$ が理想である．なお，e_f, e_r の測定は最大積載状態で行う．

スリップ角 0 のときのタイヤのモーメント

スリップ角 0 のときのタイヤのモーメントである剰余モーメント M_0 を式 (6.6) の値に設定することで，車両流れが生じなくなる．

キャンバスティフネス係数

キャンバスティフネス係数 C_c が 1 に近いほど，轍路安定性が向上するので，$C_c = 1$ を目標にすべきである．

12.2 性能設計方針

前節の結果をもとに，この節では車両の物理値の設定順序について述べる．

第 0 段階：特殊な車両の企画時に決める物理量

スポーツ走行を重視した車両を企画するときは，最初に加減速時の旋回限界に影響を及ぼす駆動輪位置と前後輪の荷重配分を決定する．後輪駆動の場合，後輪の荷重配分を大きくすると，加減速時の旋回限界が向上する一方，エンジン出力が小さな車両では，駆動力によるドリフトコントロール性が不利になりやすい．

第 1 段階：企画時に決める物理量

ロールセンタ高は，サスペンション形式や車体骨格レイアウトに依存することが多いので，開発初期に決めるべき物理量である．ロールセンタ高は定常円旋回時のピッチ角の観点から，前輪よりも後輪のロールセンタを相対的に高く設定する．転覆が問題にならない場合は，この相対関係を保ったまま両者とも高めに設定し，転覆が問題になる場合は，なるべく低く設定する．

トレールのうち，キャスタトレールはキングピン配置で決まるので，舵の重さと操舵系の固有振動数 ω_a とを勘案して決める．全ロール剛性 K_x に寄与するスタビライザのスペースもこの段階で確保しておく．

第 2 段階：背反性能がまったくない物理量

ここでは，背反性能がまったくない物理量を設定する．まず，キャンバスティフネス係数 C_c を 1 に，ハンドル慣性モーメント係数 I_{hN} をなるべく小さく，前後荷重移動に対する等価コーナリングパワの変化を表す等価コーナリングパワ変化係数 e_f と e_r を極力 0 に近づける．また，全ロール剛性 K_x や，タイヤの横剛性 k_t を大きく設定する．

第 3 段階：背反性能が少ない物理量

ここでは，背反性能が少ない物理値である，後輪等価コーナリング係数 C_r と後輪の等価摩擦係数 μ_r を大きく設定する．この二つを極力大きく設定することが極めて重要である．

第 4 段階：適値がある物理量

前項で決まった C_r に応じてスタビリティファクタ A の適値の範囲内に入るように，前輪等価コーナリング係数 C_f を設定する．操縦性を重視する場合は C_f を大きい側に，安定性を重視する場合は小さい側に設定する．その設定にあたっては，操舵系ねじり剛性 G_{st} を用いることが有効である．

前輪の等価摩擦係数 μ_f は，定常円旋回で最終プラウになるように決める必要があるので，前項で決まった μ_r に応じて $\mu_f < \mu_r$ とする．このつぎの段階は，転覆の問題がある場合とない場合とで設定方針が違う．まず，問題にならない場合は，最大横加速度 $a_{y\max}$ とプラウにおける余力 $\dot{r}_{\text{plow}}$ とのバランスで μ_f を決める．一方，問題になる場合，耐転覆性を満たすように μ_f を設定する．

第 5 段階：ほかの物理量に応じて決める

パワーステアリングのパワーアシスト力は，理論と実測との間にかい離があるので，Norman 指標などを実車試験で確認しながら決める．また，操舵系の減衰係数 D_h もこの段階で設定する．

ショックアブソーバ減衰力の伸縮差の前後差 ΔC は背反がないので，この段階で，適値に設定する．

また，この段階で新車用タイヤの試作品評価すると，ロール感や操舵感が変わることがあるが，パワーステアリングやアブソーバの再チューニングによって対応可能である場合もあるので，タイヤでほぼ決まる後輪まわりの回転運動などの評価を重視する．

12.3　各部品の設定方針

この節では，各部品の設定方針について述べる．

主要諸元

ホイールベースが長いほど，尻振りしにくく，尻流れ（車体の横滑り）も感じにくい．また，操舵反トルクの抜けも減る．したがって，ホイールベースをなるべく長く設定する．ただし全長の制約があるので，「ホイールベース」と「ホイールベース/全長比」の二つの指標を同時に注目する．なお，「ホイールベース/全長比」が大きいほ

ど，ヨー慣性半径係数が小さくなる傾向があり，その結果ポジションコントロールやフォースコントロール下の固有振動数や速応性などの向上につながる副次的効果もある．

重心高が低いほど，旋回中の減速安定性や耐転覆性能やロール感が向上する．まず，耐転覆性に注目する必要がある場合，「重心高/（トレッド/2）」に注目することが有効である．耐転覆性に注目する必要がない場合は，旋回中の減速安定性から「重心高/ホイールベース」に注目する必要がある．

全高が高いと，重心高も高くなる傾向があるだけでなく，風の当たる面積が増えるため横風に進路を乱されやすくなる．なお，横風に進路を乱されることに対する対策法は実際にはほとんどない．なぜなら，この対策に有効なタイヤのコーナリングパワはこれまで述べてきた多くの性能で決まる．また，車両の形状を変えて横風による空気力を減らす方法も理論的にはあるが，実際にはデザインや燃費のための空気抵抗低減のための形状が優先される．

前輪荷重配分の適値は，前輪駆動か，後輪駆動か，4輪駆動かによって異なる．2輪駆動の場合，その輪の荷重配分が大きいほど登坂性能や加速性能が向上する．とくに，氷雪路の坂道発進では，この影響は顕著である．また，駆動輪の荷重配分が大きいほど，旋回加速性能に優れるので，スポーツ走行では有利ある．旋回中の制動やアクセルオフについては，後輪の荷重配分が大きいほど安定しやすい．前輪駆動の軽量車ほど，後輪の荷重配分が小さくなりやすいので注意が必要である．なお，後輪駆動のスポーツ車の場合，前輪荷重配分が大きいほど，駆動力によってドリフトをコントロールしやすい．

サスペンション

スタビライザは，最も注意を要するサスペンション部品である．ロール角を減らすために，スタビライザによるロール剛性を大きくすることが重要である．ロール角を減らすことによってロール感の向上や耐転覆性，旋回中の制動やアクセルオフ時の安定性，ポジションコントロール下のヨーの速応性などが向上するからである．スタビライザのロール剛性の増加には，スタビライザを太くすることが有効である．ただし，サスペンションまわりの空間には制約があるので，開発の途中でスタビライザを太くしようとしても，成立しないことがある．したがって，開発初期の段階でスタビライザをより太く，かつレバー比をより大きくしておくことが重要である．

サスペンションリンクの背面視の指標である**ロールセンタ高**は，まず，定常円旋回中のロール姿勢が適度な前傾になるように前輪よりも後輪を高く設定する必要がある．また，ロールアーム長が小さいほど，旋回時の旋回中の制動やアクセルオフ時の安定

性, ポジションコントロール下のヨーの速応性が向上する. そのため, ロールアーム長をなるべく小さく（ロールセンタをなるべく高く）設定することが有効である.

リヤサスペンションのリンクの平面視では, コーナリングフォースをおもに支持するリンクが, ホイールセンタよりも後方にあるほど, 後輪等価コーナリング係数が増加する. この配置により旋回姿勢や, ポジションコントロール下の固有振動数や速応性, フォースコントロール下の車体の固有振動数や速応性, 操舵直後の車両の動き方, 操舵反トルクの抜け, さらには後輪横力飽和が向上する.

ショックアブソーバは, ピッチ角をロール角と同期させるように, 「減衰係数の伸縮差の前後差」を設定することが最も重要である.

ばね定数が大きいほど, ロールが小さくなるので, なるべく大きくしたい. ただし, 乗り心地との兼ね合いがある. 突起乗り越し時の「フラットな車体の動き」を狙って, 「後輪のばね上共振周波数/前輪のばね上共振周波数=1.2」[25] の関係を保ちながら, ばね定数を大きく設定する.

タイヤ

コーナリング係数は, 後輪のコーナリング係数が大きいほど, 車体横滑り角や, ポジションコントロール下の固有振動数や速応性, フォースコントロール下の車体の固有振動数や速応性, 操舵直後の車両の動き方, 操舵反トルクの抜け, さらには後輪横力飽和が向上する. 一方, 前輪のコーナリング係数は背反がある. すなわち, 前輪のコーナリング係数が大きいほど, フォースコントロール下やポジションコントロール下の固有振動数や速応性が向上するが, 旋回中の制動やアクセルオフ時の安定性が減る.

ニューマチックトレールは, 舵の重さなどの操舵感や切れ角変化によるステア特性に影響する. ただし, 操舵感には, キャスタトレールや前輪の垂直荷重, オーバーオールステアリングギヤ比, パワーステアリングのパワーアシスト力なども影響する. したがって, 性能目標を明らかにしたうえで, ニューマチックトレールを設定する.

コーナリングパワの垂直荷重変化率が小さいほど, 旋回中の制動やアクセルオフ時の安定性が向上する.

摩擦係数は, 大きい方ほど旋回限界が向上する. ただし, 転覆が問題になる車両では, 摩擦係数が小さいほど耐転覆性能が向上する. また, 「後輪の摩擦係数/前輪の摩擦係数」が大きいほど, 耐スピン性が向上する. **摩擦係数の垂直荷重依存性**は, 最終プラウと最大横加速度とが両立するように設定することが有効である.

剰余モーメントは, 車両流れが生じない理論値に設定することが有効である.

キャンバスティフネス係数を1に設定することで, 轍にとられなくなる.

操舵系

 ゴム部品が操舵系にある．たとえば，ステアリングギヤボックスの支持やステアリング軸のカップリングに使われる．これらの直列ばね定数が**操舵系ねじり剛性**である．この剛性が低いほど，旋回中の制動やアクセルオフ時の安定性が向上し，高いほど操舵感におけるハンドルの戻り感やフォースコントロール応答性などの操縦性が向上する．操縦性と安定性のどちら側を狙うかを車両企画で明らかにしたうえで，この剛性を設定する．

 ハンドル慣性モーメント係数が小さいほど，操舵系の固有振動数が増加する．そのため，操舵感の項目の一つであるハンドルの戻り感も向上する．したがって，ハンドル慣性モーメント係数を小さくすることが有効である．

 キングピン軸は，キャスタトレールとホイール中心のキングピンオフセット，接地点のキングピンオフセット（二つのキングピンオフセットはここで初めて言及する）の三つの指標がある．まず，キャスタトレールは，舵の重さの点で決める必要がある．つぎに，ホイール中心のキングピンオフセットが小さいほど，ハンドル慣性モーメント係数を減らしやすくなる．なぜなら，ハンドル慣性モーメントを減らすほど，前輪のホイールのアンバランスによる力でハンドルが周方向に振動しやすくなり，この対策として，ハンドル慣性モーメントを大きくすることがあるからである．一方，ホイール中心のキングピンオフセットが小さいほど，アンバランス力によるキングピン軸まわりのモーメントが減る．そのため，ホイール中心のキングピンオフセットが小さいほど，ハンドル慣性モーメントを小さくしやすい．最後に，接地点のキングピンオフセットが，タイヤの接地点よりも車両外側にあると，路面の摩擦係数が左右輪で違う場合の制動安定性が向上することがある．この理由は，摩擦係数が小さい側の輪がホイールロックした場合，カウンターステアを当てる側にキングピン軸まわりのモーメントが生じ，もしドライバがフォースコントロールをしていると，このモーメントによってカウンタステアが当たるからである．

 パワーステアリングのパワーアシスト力の設定は操舵感に直結する．ポジションコントロール時の操舵反トルクには適値があるので，Norman 指標を使って設定すること．また，パワーアシスト力が大きいほど，等価的なトレールは短くなる．そのため，操舵感におけるハンドル戻り感やフォースコントロールの応答性が悪化する．また，パワーステアリングの中で，ステアリングコラムにモータを装着するタイプでは，モータの慣性モーメントがハンドル慣性モーメントに付加されるので注意が必要である．

 操舵系の減衰係数も操舵感に直結する．パワーステアリング系の制御によって減衰を付加している場合，各車速において操舵系の減衰比 ζ_a の適値の目安である

$\zeta_a = 0.1 \sim 0.2$ を満たすように操舵系の減衰係数を設定する．

オーバーオールギヤ比が小さいほど，ヨーゲインや舵の重さが増加し，キングピン軸まわりのハンドルの慣性モーメントが減る．ヨーゲインや舵の重さには適値があり，その適値は車両の狙い（軽快⇔重厚）によっても変化する．これらの性能のどちら側を狙うかを車両企画で明らかにしたうえで，設定する．

12.4　開発段階からのまとめ

ここでは，すべての部品を新設することを想定して，各開発段階での要点を述べる．

車両企画段階

前節の主要諸元と同じである．

シャシ部品設計段階

サスペンションでは，ロール剛性の高いスタビライザを配置すること，目標とする前傾ピッチ角をとり，かつロールアーム長を小さくするようなロールセンタ高やその変化，後輪ではコーナリングフォースをおもに支持するリンクをコーナリングフォースの着力点よりもできるだけ後方に配置することが重要である．

操舵系では，舵の重さの点からキャスタトレール長を設定することと，ホイールセンタ位置のキングピンオフセットを小さくすること，ハンドルの慣性モーメントを小さくすることが重要である．

試作車による開発段階

この段階は順序効果があるので，とくに注意が必要である．ロールとピッチとを同期させるためのアブソーバ伸縮比の前後差を詳細にチューニングした後で，チューニングに使ったのとは別のタイヤを装着すると，コーナリングフォースの発生タイミングや左右のコーナリングフォースの比率などが変わり，ロールとピッチとのタイミングなどが変わることがあり得る．また，パワーステアリングでも同様に，操舵感の適合をしたのと違うタイヤを装着すると，各種指標が変化することがあり得る．このような場合，わが国ではそのタイヤは不採用となることがある．一方，尻流れ感や操舵直後の後輪まわりの回転時間などはほぼタイヤで決まる．

したがって，タイヤの性能評価は，タイヤだけでほぼ決まる性能を重視し，タイヤ以外の寄与も十分ある性能は，それらの再設定によって目標性能を実現することで，操縦安定性の総合性能をより高くできるのである．

発 展
制御下の車両運動のエッセンス

ここでは，車両運動力学の研究を調査する際に現れる「制御」のエッセンスについて述べる．車両運動力学に関する制御には2種類ある．

一つは，車両運動制御システムであり，これには車両応答が簡潔な式で表される制御と，ドライバの感覚の向上のための制御の2種類に大別される．前者については簡潔になる理由を，後者については制御系を構成するうえでの留意点を述べる．

もう一つは，自動車が道路に沿って走行するためのドライバの操舵である．まず，その基本原理を述べ，つぎに，走行に伴うわずかな蛇行の発生原理について述べる．

A.1　代表的な車両運動制御

ここでは，代表的な制御についての本質を述べる．

■ A.1.1　制御による後輪の操舵

第12章で述べたように，C_r が大きいほど諸性能が向上する．これは後輪の見かけのスリップ角が小さくなるためである．見かけのスリップ角は，図1.21に示したように，タイヤの切れ角によっても小さくなっていく．そこで，後輪の切れ角の制御が提案されている．この制御を**後輪操舵制御**とよぶ．

後輪の切り方は，実現したい操舵応答から決まり，その一つとして重心位置の横滑り角 β を0にする制御が提案されている[48]．このとき，舵角 δ に対するヨー角速度 r の応答が1次遅れ系になる．

この制御によって応答が1次遅れ系になる理由は，車両の運動方程式から $\dot{\beta}$ の項がなくなることによって，微分の記号 s の次数が一つ減るためである．たとえば，$\beta = \dot{\beta}\,(=\beta s) = 0$ が実現された制御ならば，前輪位置の車体の横滑り角 β_f は，式 (1.53) から，

$$\beta_f = \frac{l_f}{V} r \tag{A.1}$$

となるから，この微分は

$$\dot{\beta}_f = \frac{l_f}{V} \dot{r} \tag{A.2}$$

となる．ここで，l_f は前輪〜重心間距離，V は車速である．後輪位置の車体横滑り角 β_r もこれと同様である．よって，車体各部の横滑り角やその角速度は，r と $\dot{r}$ だけによって表すことができる．したがって，車両の運動方程式は，r についての 1 階微分方程式となるので，1 次遅れ系になるのである．

注意点としては，重心位置以外の横滑り角を 0 にしても 1 次遅れ系になることである．そこでここでは，図 A.1 に示される，後輪よりも x_r 前方にある点 x_r の横滑り角 β_{x_r} を 0 にするように，後輪の舵角 δ_r を制御する．δ_r を加味すると，後輪のコーナリングフォース $2F_r$ は

$$2F_r = -C_r m_r (\beta_r - \delta_r) \tag{A.3}$$

となる．ここで，C_r は後輪の等価コーナリング係数，m_r は後輪が負担する質量である．したがって，車両の運動方程式 (1.63)，(1.64) は，それぞれつぎのようになる．

$$V(r+\dot{\beta}) = -\left(\frac{l_r}{l}C_f + \frac{l_f}{l}C_r\right)\beta - \frac{l_f l_r}{lV}(C_f - C_r)r + \frac{l_r}{l}C_f \delta + \frac{l_f}{l}C_r \delta_r \tag{A.4}$$

$$k_N^2 \dot{r} = -\frac{1}{l}(C_f - C_r)\beta - \left(\frac{l_f}{lV}C_f + \frac{l_r}{lV}C_r\right)r + \frac{1}{l}C_f \delta - \frac{1}{l}C_r \delta_r \tag{A.5}$$

ここで，β は重心位置車体横滑り角，l はホイールベース，l_f は前輪〜重心間距離，l_r は重心〜後輪間距離，k_N はヨー慣性半径係数，δ は舵角である．

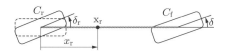

図 A.1　後輪舵角制御の車両モデル

つぎに，δ_r の切り方を決める．ここでは簡単のため，

$$\delta_r = a\delta + br \tag{A.6}$$

とする．このように制御の仕方を決める式を**制御則**とよぶ．ここで，a と b は定数であり，これらを**制御ゲイン**とよぶ．

つぎに，制御ゲインを決める．ここでは目標となる応答から逆算して決める．この場合，式 (A.4)，(A.5)，(A.6) を解いて，r と β を求め，その結果を式 (1.55) に代入して求めた β_r をさらに式 (2.22) に代入する[†]と，β_{x_r}/δ の伝達関数が求められる．この式の分子は微分の記号 s の 1 次式になるので，$\beta_{x_r} = 0$ であるためには，「s^1 の係数=0」と「s^0 の係数=0」が成り立つ必要がある．この二つの式を a と b について解くことで，a と b が得られ，それぞれ

[†] $1/R = r/V$ の関係も使う．

$$a \approx \frac{[(k_\mathrm{N}^2 - 1)l_\mathrm{r} + x_\mathrm{r}]C_\mathrm{f}}{(k_\mathrm{N}l - x_\mathrm{r})C_\mathrm{r}} \tag{A.7}$$

$$b \approx \frac{(-l + x_\mathrm{r})[(k_\mathrm{N}^2 - 1)l_\mathrm{r} + x_\mathrm{r}]C_\mathrm{f} + (k_\mathrm{N}l - x_\mathrm{r})x_\mathrm{r}C_\mathrm{r} - k_\mathrm{N}^2 lV^2}{(k_\mathrm{N}l - x_\mathrm{r})C_\mathrm{r}V} \tag{A.8}$$

となる.

このように求められた a と b を式 (A.6) に代入し,さらに式 (A.4), (A.5) を解くと,δ に対する r の応答が,次式のように求められる.

$$\frac{r}{\delta} = \frac{C_\mathrm{f}V}{[C_\mathrm{f}(l - x_\mathrm{r}) + V^2]\left[1 + \dfrac{(k_\mathrm{N}l - x_\mathrm{r})V}{C_\mathrm{f}(l - x_\mathrm{r}) + V^2}s\right]} \tag{A.9}$$

この式は 1 次遅れ系であり,その時定数は,分母の s の係数である

$$\frac{(k_\mathrm{N}l - x_\mathrm{r})V}{C_\mathrm{f}(l - x_\mathrm{r}) + V^2}$$

である.この時定数が 0 になるのは $x_\mathrm{r} = k_\mathrm{N}l$ のときである.このとき,r は δ に比例し,点 x_r がこれよりも後ろにあるほど,時定数が大きくなるので応答が遅くなる.

■ **A.1.2 左右制駆動力制御**

図 A.2 に示すように,たとえば,左輪を制動し,右輪を駆動すると,正の向きのヨーモーメント M_z が生じ,車両のヨー運動などが変化する.M_z による制御を**ダイレクトヨーモーメント制御**とよび,DYC と略称することがある.ここでは,DYC 制御について述べる.簡単のため,制駆動力を加えても前後輪の等価コーナリング係数 C_f と C_r は変化しないと仮定する.

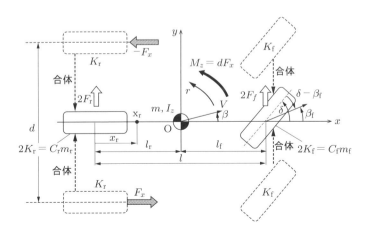

図 A.2 左右制駆動力制御

DYC制御の一つとして，重心位置の横滑り角 β を 0 にする制御が提案されている[2]．ここでは，この制御の一般的な場合として図 A.2 に示すように，後輪から x_r 前方の点 $\mathrm{x_r}$ の横滑り角 β_{x_r} を 0 にする制御について述べる．この制御の場合，車両のあらゆる点の横滑り角をヨー角速度 r で表すことができるので，運動方程式を整理すると r と $\dot{r}$ だけの式になるため，δ に対する r の応答が 1 次遅れ系になるのである．

運動方程式を立てよう．回転運動の方程式である式 (1.60) に M_DYC を加味すると，つぎのようになる．

$$I_z \dot{r} = 2l_\mathrm{f} F_\mathrm{f} - 2l_\mathrm{r} F_\mathrm{r} + M_\mathrm{DYC} \tag{A.10}$$

ここで，I_z はヨー慣性モーメント，$2F_\mathrm{f}$ と $2F_\mathrm{r}$ は前後輪のコーナリングフォース，l_f は前輪～重心間距離，l_r は重心～後輪間距離である．

つぎに，M_DYC の加え方（制御則）を決める．ここでは簡単のため，

$$M_\mathrm{DYC} = c\dot{r} + dr \tag{A.11}$$

とする．ここで，c と d は定数であり，これらを制御ゲインとよぶ．以上が DYC を加えたときの運動方程式である．なお，M_DYC を加えても，y 方向の運動方程式である式 (1.63) は変化しない．

つぎに，制御ゲインを決める．ここでは目標となる応答から逆算して決める．この場合，式 (A.10)，(A.11)，(1.63) を解いて，r と重心位置車体横滑り角 β を求め，その結果を式 (1.55) に代入して，求めた後輪位置車体横滑り角 β_r をさらに式 (2.22) に代入する†と，$\beta_{x_\mathrm{r}}/\delta$ の伝達関数が求められる（δ は舵角である）．この式の分子は s の 1 次式になるので，$\beta_{x_\mathrm{r}} = 0$ であるためには，微分の記号 s について「s^1 の係数 $=0$」と「s^0 の係数 $=0$」が成り立つ必要がある．この二つの式を c と d について解くことで，c と d が得られ，それぞれ

$$c = l_\mathrm{f}[(k_\mathrm{N}^2 - 1)l_\mathrm{r} + x]m \tag{A.12}$$

$$d = \frac{l_\mathrm{f}(V^2 - x_\mathrm{r} C_\mathrm{r})m}{V} \tag{A.13}$$

となる．

このように求められた c と d を式 (A.11) に代入し，さらに式 (A.10)，(A.11)，(1.63) を解くと，舵角 δ に対する r の応答が次式のように求められる．

$$\frac{r}{\delta} = \frac{l_\mathrm{r} C_\mathrm{f} V}{[l_\mathrm{r}(l - x_\mathrm{r})C_\mathrm{f} + l_\mathrm{f} C_\mathrm{r} + V^2]\left[1 + \dfrac{l(l_\mathrm{r} - x_\mathrm{r})V}{l_\mathrm{r}(l - x_\mathrm{r})C_\mathrm{f} + l_\mathrm{f} C_\mathrm{r} + V^2}s\right]} \tag{A.14}$$

注意点としては，この式は 1 次遅れ系であり，その時定数は，分母の s の係数である

---

† $1/R - r/V$ の関係も使う．

$$\frac{l(l_\mathrm{r} - x_\mathrm{r})V}{l_\mathrm{r}(l - x_\mathrm{r})C_\mathrm{f} + l_\mathrm{f}C_\mathrm{r} + V^2}$$

である．この時定数が 0 になるのは $x_\mathrm{r} = l_\mathrm{r}$，つまり重心位置の横滑り角を 0 にしたときである．このときだけは，r は δ に比例するが，これ以外の場合は 1 次遅れ系になり，点 x_r が重心よりも後ろにあるほど，時定数が大きくなるので応答が遅くなる．

■ A.1.3　パワーステアリングのパワーアシスト力制御

フォースコントロール下の車体系の $\zeta_\mathrm{b}\omega_\mathrm{b}$（式 (9.43)）は，ポジションコントロール下の速応性 $\zeta\omega_\mathrm{n}$（式 (3.17)）よりも小さいため，速応性が劣る．これは，操舵系の運動方程式と車体系の運動方程式とが連立（**連成**）しているためである．そこで，両者の運動を切り離し，それぞれ独立にすることによって，$\zeta_\mathrm{b}\omega_\mathrm{b} = \zeta\omega_\mathrm{n}$ とするのが，ここで紹介する制御[50]である．

両者が連成する理由は，式 (9.3) に含まれるトルクの成分 $2\xi K_\mathrm{f}\beta_\mathrm{f}$ が操舵系にはたらくためである（ξ はトレール，K_f は前輪の等価コーナリングパワ，β_f は前輪位置の車体横滑り角である）．そこで，このトルクを打ち消せば，操舵系と車体の運動は連成しなくなる．そのためには，このトルクと同量逆向きのパワーアシスト力をパワーステアリングによって発生させればよい．たとえば，式 (7.2) に舵角 δ を入力することで，パワーアシスト力 $-2\xi K_\mathrm{f}\beta_\mathrm{f}$ が計算できる．このパワーアシスト力によって，操舵系にはたらくトルク $2\xi K_\mathrm{f}\beta_\mathrm{f}$ を打ち消した後の操舵系の運動方程式は

$$I_\mathrm{h}\ddot{\delta} = -2\xi K_\mathrm{f}\delta + T_\mathrm{h} \tag{A.15}$$

となる．ここで，I_h はハンドルの慣性モーメントであり，T_h は操舵トルクである．このとき，T_h に対するヨー角速度 r の応答は

$$\frac{r}{T_\mathrm{h}} = \frac{\delta}{T_\mathrm{h}} \cdot \frac{r}{\delta}$$

$$= \frac{C_\mathrm{r}}{k_\mathrm{N}{}^2 l\xi m_\mathrm{f}V} \cdot \frac{\dfrac{2\xi K_\mathrm{f}}{I_\mathrm{h}}}{s^2 + \dfrac{2\xi K_\mathrm{f}}{I_\mathrm{h}}} \cdot \frac{\dfrac{V}{C_\mathrm{r}}s + 1}{s^2 + \dfrac{C_\mathrm{f} + C_\mathrm{r}}{k_\mathrm{N}V}s + \dfrac{C_\mathrm{r}}{k_\mathrm{N}{}^2 l} + \dfrac{C_\mathrm{f}}{k_\mathrm{N}{}^2 l}\left(\dfrac{lC_\mathrm{r}}{V^2} - 1\right)}$$
$$\tag{A.16}$$

となる．ここで，m_f は前輪が負担する車両質量である．

この式の右辺第 3 分数の分母の微分の記号 s^1 の係数と式 (9.39) の右辺第 3 分数の分母の s^1 の係数とを比べると，この制御によって車体系の速応性が，$C_\mathrm{r}/(k_\mathrm{N}V)$ から $(C_\mathrm{f} + C_\mathrm{r})/(k_\mathrm{N}V)$ に増加していることがわかる．したがって，この制御によって，フォースコントロールにおける車体系の速応性が向上するのである．

■ A.1.4 減衰力可変制御

10.4.2 項で述べたように，ロールとピッチとが同期すると，「目で感じる車体の動き」が向上するために，平面上の動きは変わらないのに旋回感覚は向上する．ロール角とピッチ角とを同期させる方法は，ショックアブソーバの伸縮差の前後差であった．ただし，この方法では，ある特定の操舵周波数だけしか同期できない．そこで，アブソーバの減衰力を制御することによって，あらゆる条件で同期させるシステムが実用化されている．

このシステムの構成のコツについて触れておこう．減衰力は，アブソーバの伸縮の速度によって生じるから，制御しない場合，ピッチモーメントはロール角速度と同期する．したがって，ピッチ角が生じるタイミングは，ロール角速度を 2 階積分したタイミングである．一方，ロール角が生じるタイミングは，ロール角速度を 1 階積分したタイミングである．したがって，減衰力によって生じるピッチ角成分はロール角よりも遅れて生じる．そのため，ロール角速度よりも早いタイミングで減衰係数を変化させる必要がある．そのためには，最も早いタイミングで生じる信号である舵角をフィードフォワードして，ピッチモーメントを計算することが有効である．

A.2　ドライバによる車両の制御

道路に沿って走行するためには，ドライバは車両と道路の相対関係に応じて操舵する必要がある．この操舵は，ドライバによる車両と道路の相対位置が一定の制御とみることができる．そこでこの節では，この制御の基本的性質を述べる．なお，簡単のため目標コースは直線とし，ドライバは角度だけで操舵する**ポジションコントロール**を仮定する．

■ A.2.1　道路に沿うためのハンドルの切り方

車両の運動方程式は力学原理によって決まるが，ドライバの操舵の仕方には，そのような原理はない．そこで，近藤は道路に沿って走行するために必要な操舵の方法を考察した[51]．その概要を図 A.3 を使って述べる．図 A.3 に示す座標系 O-X-Y は，地上の座標を表し，車両は X 軸を目標に走行する．図中の Y はコースと車両の重心とのずれ（**偏差**とよぶ）を表す．Y の符号は，X 軸の正の方向に向かって左（紙面上方）を正とする．

X 軸に沿って走るための条件は二つある．

一つ目の条件は，車両が X 軸上にあることである．すなわち，$Y = 0$ である．そのため，車両が X 軸よりも左にあるときはハンドルを右に切る必要がある．これを最も

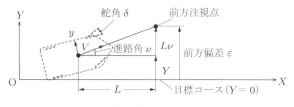

図 A.3　道路に沿って走行する車両

初歩的な式で表すと $\delta = -hY$ となる．ここで，h は正の定数であり，単位は rad/m である．

二つ目の条件は，X 軸と平行に走ることである．したがって，X 軸に対する V の向きである**進路角**を $\nu^\dagger$ とすると，X 軸と平行に走るための条件は $\nu = 0$ である．そのためには，車両の進路が X 軸よりも**左**を向いたらハンドルを**右**に切る必要がある．これを最も初歩的な式で表すと，$\delta = -h'\nu$ である．ここで，h' は正の定数であり，単位は無次元である．

以上二つの条件を合わせると，X 軸に沿って走るためのハンドルの切り方は

$$\delta = -h\left(Y + \frac{h'}{h}\nu\right) \tag{A.17}$$

と書ける．これが道路追従制御の基本原理である．

つぎに，この式からドライバの「仮想的な」視点を求めよう．h'/h の単位は m だから，これを長さ L と書くと，上式の右辺 ( ) 内は $Y + L\nu$ となる．これを ε と記すと，ε の幾何学的意味は，図 A.3 に示すように V を L [m] 延長した点から X 軸までの距離になる．したがって，式 (A.17) は $\delta = -h\varepsilon$ とも解釈できる．そこで，式 (A.17) は，つぎのようにも解釈できる．

「ドライバは V の延長線上 L [m] **前方**の点を**注視**しており，その点（**前方注視点**）から X 軸までの距離 ε に比例して操舵する」

そのため，式 (A.17) を**前方注視ドライバモデル**とよぶことがある．ただし，ドライバがこの点を本当に注視しているとは限らない．

■ A.2.2　道路に追従するための条件

式 (A.17) の操舵は X 軸に追従するための必要条件であり，h や L の値によっては追従できないこともある．そこで，最終的に X 軸に沿って走行するための条件を述べる．

まず簡単な場合として，δ に比例して横加速度 a_y が生じるものとする．そこで

---

† ν はギリシャ文字ニューである

$a_y = G\delta$ とする．ここで，G は比例定数である．また，車両はほぼ X 軸に沿うものとして，$\ddot{Y} \approx a_y$ とする．よって，微分の記号を s とすると，$\dot{Y} \approx a_y/s$，$Y \approx a_y/s^2$ となる．したがって，$\delta = a_y/G$，$\nu = \dot{Y}/V = a_y/(sV)$ である（V は車速である）．これらを式 (A.17) に代入して整理すると，

$$\left(s^2 + \frac{L}{V}Ghs + Gh \right) a_y = 0 \tag{A.18}$$

となる．この式がどんな a_y でも成り立つためには ( ) 内が 0 である必要がある．この式を特性方程式とよぶ．この特性方程式と式 (3.15) とを比較すると，$\zeta\omega_\mathrm{n} = LG/(2V)$，$\omega_\mathrm{n} = \sqrt{Gh}$ となる．ここで，ω_n は固有振動数，ζ は減衰比である．両者の関係から $\omega_\mathrm{n} > 0$，$\zeta > 0$ なので，a_y は 0 に収束する．また，式 (A.17) から，X 軸上以外に車両があれば δ とともに a_y が必ず生じるから，a_y が 0 に収束する先は X 軸だけである．したがって，この場合は，車両の進路は X 軸に必ず収束する．

つぎに，実際の人間の操舵や車両の操舵応答に含まれる「遅れ」を近似的に考慮する．これらの遅れを総合して，等価的に ε に対する δ の応答を 1 次遅れ系として近似し，その時定数を τ とする．これを式 (A.17) に加味すると，

$$\delta = -\frac{h}{1+\tau s}(Y + L\nu) \tag{A.19}$$

となる．この式を整理すると，

$$\left(\tau s^3 + s^2 + \frac{L}{V}Ghs + Gh \right) a_y = 0 \tag{A.20}$$

となる．この式の ( ) の中を 0 としたものが特性方程式になる．この特性方程式は s の 3 次式である．3 次式の場合，a_y が 0 に収束するための条件は二つある．一つ目は，s のすべての係数が同符号であることであり，上式の場合，この条件を満たしている．二つ目は，s の係数で構成される行列式の値が正であることであり，この特性方程式の場合，

$$\begin{vmatrix} \dfrac{L}{V}Gh & Gh \\ \tau & 1 \end{vmatrix} > 0 \tag{A.21}$$

が成り立つことである．この行列式を整理すると，

$$\frac{L}{V} > \tau \tag{A.22}$$

となる．L/V を**前方注視時間**とよぶ．前方注視時間が遅れ時間 τ よりも大きい場合，X 軸に収束する．

最後に，δ に対する a_y の応答を近似しない一般的なアンダステア車両が，安定かつ X 軸への早く収束する条件の目安について簡単に述べる．この目安は h や L に

よって変化するので，これらの影響を減らすために，δ は ε/L に比例するものとする．すなわち

$$\delta = -\frac{H}{1+\tau s} \cdot \frac{Y+L\nu}{L} \tag{A.23}$$

とする．ここで，H は無次元の比例定数であり，τ は ε に対する δ の時定数である．安定かつ X 軸への収束が早い条件の目安は，$H=1/2$ かつ $L/V-\tau=1.3$ s とされる[52]．

■ A.2.3　道路追従に伴うわずかな蛇行

人間の視覚は，微小な角度を認識できない．そのため，わずかな蛇行が生じる．この蛇行が少ないほど，ハンドルの中立位置の操舵応答が正確と評価される傾向がある．そこで，この蛇行について述べる．図 A.4 に示すように，進路角の一部が認識できないものとする．この場合，蛇行の固有振動数 ω_n は式 (A.18) と同様に $\sqrt{Gh}$ であり，進路角 ν の振幅を ν_0 と記すと，ν_0 は近似的に，

$$\nu_0 \approx \frac{4d}{\pi}\sqrt{\frac{\tau}{L/V}} \tag{A.24}$$

となる[53]．ここで，時定数 τ は式 (A.19) の τ と同様に，人間の操舵や車両の操舵応答の遅れを総合した等価的な時定数である．また，d は認識できる最小の角度であり，**最小可知角**[54]とよばれる．また，L は前方注視距離，V は車速である．

式 (A.24) から ν_0 を小さくするための方策としては，たとえば，d を小さくするための，わずかな ν がわかりやすく，かつ視線を遠くへ誘導する室内外のデザインや，τ を小さくするための速い操舵応答が考えられる．

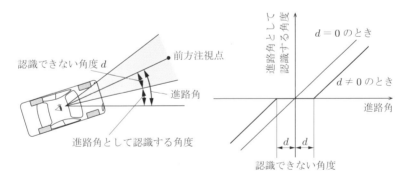

図 A.4　ドライバの視覚の不感帯とその表現

参考文献

[1] J. R. Ellis: VEHICLE DYNAMICS, LONDON BUSINESS BOOK LTD., 1969.

[2] 安部正人：自動車の運動と制御，東京電機大学出版局，2008.

[3] 酒井英樹，佐藤幸治：ロール運動を考慮した自動車の平面モデル，日本機械学会論文集（C編），Vol.65, No.633, 1999.

[4] 酒井英樹：自動車の平面運動におけるヨー角速度進み時定数についての力学的考察，日本機械学会論文集（C編），Vol.79, No.801, 2013.

[5] P. Bark: Magic numbers in design of suspensions for passenger cars, SAE Technical Paper, No.911921, 1991.

[6] 酒井英樹：過渡的な旋回感覚を強調する減衰力制御—カルマンフィルタを用いたロール・ピッチ同期化制御—，自動車技術会論文集，Vol.43, No.3, 2012.

[7] 景山克三，景山一郎：自動車力学，理工図書，2001.

[8] 酒井英樹：フォースコントロールにおける安定性とその指標，自動車技術会論文集，Vol.44, No.2, 2013.

[9] 藤井澄二：自動車の運動性能に対するかじ取装置の弾性の影響，日本機械学會論文集，Vol.22, No.119, 1956.

[10] R. Bundorf and R. Lerrert: The cornering compliance concept for description of vehicle directional control properties, SAE Technical Paper.

[11] 近森順，松永大演：モーターファン・ロードテストからみた自動車性能の長期的変遷，自動車技術，Vol.56, No.11, 2002.

[12] H. Pacejka: TIRE AND VEHICLE DYNAMICS, SAE International, 2012.

[13] L. Segel: Theoretical prediction and experimental substantiation of response of automobile to steering control, Proceedings of the Institution of Mechanical Engineers: Automobile Division.

[14] 為近和彦：忘れてしまった高校の物理を復習する本，中経出版，2002.

[15] 自動車技術ハンドブック編集委員会編：自動車技術ハンドブック（第1分冊）基礎・理論編，自動車技術会，2004.

[16] 入江南海雄，芝端康二：リヤサスペンション特性が操縦安定に及ぼす影響，自動車技術，Vol.39, No.3, 1985.

[17] 酒井英樹，山本泰：過渡的な旋回感覚を強調する減衰力制御—カルマンフィルタを用いたロール・ピッチ同期化制御—，自動車技術会論文集，Vol.43, No.3, 2012.

[18] 酒井英樹：自動車の内部運動モデル（ヨー共振現象についての論理的考察），日本機械学会2015年度年次大会，2015.

[19] 酒井秀男：タイヤ工学，グランプリ出版，2001.

[20] 酒井英樹，佐藤幸治：タイヤ動特性を考慮した自動車モデル，日本機械学会論文集（C編），Vol.63, No.608, 1997.
[21] W. Milliken and R. Rice, F. Dell'Amico: The static directional stability and control of the automobile, SAE Technical Paper, No.760712, 1976.
[22] 教育図書編集委員会編：自動車工学－基礎－，自動車技術会，2009.
[23] H. Sakai: Theoretical consideration of relation of rear-wheel skid to steering input, SAE Transactions, Vol.106, No.970378, 1997.
[24] 酒井英樹：動的操舵による横滑り特性の理論的研究―力＝モーメント法の周波数領域への拡張―，自動車技術会論文集，Vol.29, No.2, 1998.
[25] T. Gillespie: Fundamentals of Vehicle Dynamics, SAE, 1992.
[26] E. Katuyama and H. Sakai: Analysis of vehicle stability after releasing the accelerator in a turn, SAE Technical Paper, No.2005-01-0411, 2005.
[27] 山口博嗣，松本真次，井上秀明，波野淳：旋回制動時の車両安定性向上について，自動車技術，Vol.45, No.3, 1991.
[28] 保田紀孝，田中建：旋回制動性能，自動車技術，Vol.34, No.3, 1980.
[29] 山田芳久，原口哲之理：カント路における車両流れの解析，自動車技術，Vol.49, No.12, 1995.
[30] 小林弘，星野光弘，樋口明：轍路走行時の直進安定性向上技術，自動車技術会学術講演会前刷集，No.9940701, 1999.
[31] 勝山悦生，酒井英樹，村岸裕治，福井勝彦，小野英一，古平貴大：人間の感受性に基づく車両過渡応答，自動車技術会学術講演会前刷集，No.148-07, 2007.
[32] 樹野淳也，酒井英樹：ヨー進み時定数が横加加速度や操舵反トルクに及ぼす影響，自動車技術会学術講演会前刷集，No.31-13, 2013.
[33] K. Norman: Objective evaluation of on-center handling performance, SAE Technical Paper, No.840069, 1984.
[34] A. Higuchi and H. Sakai: Objective evaluation method of on-center handling characteristics, SAE Technical Paper, No.2001-01-0481, 2001.
[35] 佐野彰一：操安性の評価，自動車技術，Vol.34, No.3, 1980.
[36] 坂下和史，岡田正：操舵系の特性を考慮した自動車の操縦安定性に関する線形理論，自動車技術，Vol.18, No.4, 1964.
[37] 酒井英樹：フォースコントロールにおける安定性とその指標，自動車技術会論文集，Vol.44, No.2, 2013.
[38] 酒井英樹：フォースコントロールにおいて不安定領域を有する車両の動的挙動についての基礎的研究，日本機械学会論文集（C編），Vol.81, No.824, 2015.
[39] 酒井英樹：フォースコントロール下の固有振動数についての一考察，日本機械学会論文集（C編），Vol.81, No.824, 2015.
[40] 酒井英樹：操舵系の減衰比についての研究，日本機械学会交通・物流部門大会講演論文

集, Vol.24, 2015.

[41] 藤岡健彦：サスペンションの幾何学的および弾性的なすべての影響を考慮した自動車の3自由度線形運動方程式 – およびロール運動を表す物理モデル –, 自動車技術会学術講演会前刷集, No.91-10, 2010.

[42] 藤岡健彦, 山本真規：自動車の断面一輪モデルとその特性 – 半世紀前のモデルを使ってロール運動の基礎を理解する –, 学術講演会前刷集, No.91-10, 2010.

[43] 酒井英樹：ロール固有振動数についての一考察, 自動車技術会論文集, Vol.46, No.2, 2015.

[44] 酒井英樹：リヤサスペンション特性と車両運動性能の解析 – 第1報：複素 Cp の提案とロールステアの解析, 自動車技術会論文集, Vol.26, No.2, 1995.

[45] 酒井英樹：ロール運動がヨー共振周波数に及ぼす影響, 日本機械学会交通・物流部門大会講演論文集, Vol.24, 2015.

[46] 山本泰, 酒井英樹, 大木幹志, 福井勝彦, 安田栄一, 菅原朋子, 小野英一：視覚・動揺感受性に基づく操舵過渡応答性能の向上 – ロール感の解析 –, 自動車技術会論文集, Vol.38, No.2, 2007.

[47] W. Milliken and D. Milliken: RACE CAR VEHICLE DYNAMICS, SAE, 1995.

[48] 菅沢深, 入江南海雄, 黒木純輔, 福永由紀夫, 中村健治：前後輪の操舵制御による操縦安定性向上, 自動車技術会論文集, No.38, 1988.

[49] 酒井英樹, 宮田繁春, 竹原伸：任意の位置の横滑り角零化制御時の車両運動についての理論的考察, 自動車技術会論文集, Vol.46, No.4, 2015.

[50] 毛利宏, 久保田正博, 堀口奈美：過渡的な操舵力アシスト特性が車両運動に及ぼす影響, 自動車技術会論文集, Vol.37, No.1, 2006.

[51] 近藤政市：自動車の操舵と運動間に存在する基礎的関係について, 自動車技術会論文集, No.8, 1958.

[52] 藤岡健彦：前方注視ドライバ・平面二輪自動車系の安定性に関する理論的研究, 自動車技術会学術講演会前刷集, No.11-07, 2007.

[53] 酒井英樹：車線維持に伴う微小な蛇行についての考察, 日本機械学会交通・物流部門大会講演論文集, Vol.24, 2015.

[54] 日本視覚学会編：視覚情報処理ハンドブック, 朝倉書店, 2009.

[55] 赤松幹之：自動車の運転操作系のこれまでとこれから, 自動車技術会テキスト, No.16-13, 2013.

[56] 酒井英樹：操舵過渡応答の車両挙動にヨー慣性モーメントが及ぼす影響, 日本機械学会論文集, Vol.88, No.915, 2022.

[57] 岡田正：操縦性・安定性における理論的基礎, 自動車技術, 自動車技術会, Vol.26, No.7, 1972.

索 引

▶ あ 行

頭振りモード　83
圧覚　121
アッカーマン角　37, 44
アンダステア　44
安定　45, 79
安定条件　140
安定性　1, 93
位相　66
1次遅れ系　71, 191
運動方程式　10
エンジン配置　173
遅れ　110
オーバーオールギヤ比　20
オーバーオールステアリングギヤ比　132
オーバステア　45

▶ か 行

回転運動の運動方程式　12
外乱安定性　103
カウンタステア　142
角速度　7
加速度　10, 28
過渡応答　65
過渡最大横加速度　79, 91, 172
慣性半径　13
慣性モーメント　12, 138
キャスタトレール　19, 132, 185
キャンバスティフネス係数　106, 185
強制モード　59
切れ角変化　20, 21, 98
切れ角変化の合計　22, 101
キングピン軸　18
駆動輪位置　173, 185
ゲイン　66

限界性能　75
減衰　50
減衰比　50, 52, 65
減速　93
向心加速度　28
拘束　156
後輪駆動　173, 185
後輪最大コーナリングフォース　78
後輪操舵制御　191
後輪等価コーナリング係数　24, 179, 186
後輪等価コーナリングパワ　24
後輪の等価摩擦係数　184
後輪まわりの回転運動　117
後輪横力飽和　82
後輪横力飽和最低車速　82
極低速旋回　36
コーナリング係数　16
コーナリングフォース　16
コーナリングフォースの発生遅れ　70
固有振動数　49, 56, 65

▶ さ 行

最終スピン　80, 172
最終プラウ　79, 172
最大コーナリングフォース　77
最大横加速度　78, 172
左右荷重移動　76, 162
G-G 線図　170
四節リンク機構　152
質量　10
時定数　71
車速　6
車体系　137
車両企画諸元　170
車両質量　10
車両流れ　103

重心位置横滑り角　7
重心高　9
自由振動　49
周波数応答　66
周波数応答関数　66
出力　66
瞬間回転中心　152
準定常円旋回　100
剰余モーメント　104, 185, 188
尻流れ感　42
尻振り　64
尻振りモード　83
進路角　197
進み時定数　114
スタビリティファクタ　45
ステア特性　42
スピン　80
スポーツ走行　170, 185
スリップ角　16
制御ゲイン　192
制御則　192
旋回　1
旋回中の減速時安定性　93, 178
前後荷重移動　96
前後加速度　93
前後輪軌跡一致車速　87
前輪の等価摩擦係数　184
前輪荷重移動配分比　76
前輪駆動　173
前輪最大コーナリングフォース　77
前輪等価コーナリング係数　48, 178, 186
前輪等価コーナリングパワ　26
前輪横力飽和　82
前輪ロール剛性配分比　77
全ロール剛性　77, 183
操縦安定性　1
操縦性　1
操舵　1
相対次数　113, 115
操舵応答　1
操舵応答特性　1

操舵系　18
操舵系減衰係数　138, 183
操舵系ねじり剛性　18, 182, 189
操舵トルク　138
操舵反トルク　126
操舵反トルクの抜け　127
速応性　52
速度　6, 10

▶ た 行

タイヤの横剛性　71, 182
ダイレクトヨーモーメント制御　193
舵角　18
つり合いの位置　54
定常円旋回　35
定常応答　65
定常ゲイン　66
伝達関数　113
転覆　90
転覆限界横加速度　90
等価コーナリング係数　24, 138
等価コーナリング特性　78
等価コーナリングパワ　24, 26, 93, 97
等価コーナリングパワ変化係数　98, 100, 184, 185
等価摩擦係数　78, 186
特性方程式　51, 139, 198
ドリフト　174, 185
トルク　18
トレッド　9
トレール　19, 182, 185

▶ な 行

入力　66
ニュートラルステア　44
ニューマチックトレール　17
2輪車モデル　9
2輪モデル　9
Norman 指標　134

索　引　205

▶ は 行

パチニ小体　121
パワーアシスト力　19, 20, 136, 138, 183
ハンドリング　1
ハンドル慣性モーメント　138
ハンドル慣性モーメント係数　144, 183, 185, 189
ピークゲイン　66
ピーク周波数　66
ピッチ　7, 162
ピッチ慣性モーメント　15
不安定　45, 80
フォースコントロール　35, 137
フォースコントロールのスタビリティファクタ　141
復原力　54, 55
複素コーナリングパワ　73, 161
ブラウ　79
ブロック線図　110
分析的官能評価　134
並進運動　10
平面2自由度モデル　10
ホイールベース　8, 186
ホイールレート　165
ポジションコントロール　35, 126, 137, 139, 151
ボード線図　66

▶ ま 行

見かけのスリップ角　24, 26, 30
モーメント　10
モーメントのつり合い条件　10

▶ や 行

ヨー　7

ヨー角速度　7
ヨー慣性半径係数　13
ヨー慣性モーメント　13
ヨー共振　49
ヨー減衰比　52
横加加速度　121
横加速度　28
横滑り角　7
ヨー固有振動数　52
横力コンプライアンスステア　21
横力ステア　22
横力ステア係数　22
ヨー進み時定数　114, 119
余力　80
4輪駆動　173

▶ ら 行

returnability　131, 137
リヤカーモデル　84
リヤグリップ感　108
リンク　152
連成　146
路面反力　10
ロール　7, 151
ロールアーム長　94, 154, 183
ロール慣性モーメント　14
ロール固有振動数　155, 158
ロールステア　21
ロールステア係数　21
ロールセンタ　94, 153, 185
ロールセンタ高　94, 154, 183, 187
ロールモーメント　76

▶ わ 行

轍とられ　105

著 者 略 歴

酒井　英樹（さかい・ひでき）
　1984 年　横浜国立大学工学部卒業．同年トヨタ自動車に入社し，車両運動性能の研究や，車両運動性能面からの車両開発，運動制御システム開発，予防安全・運転支援の制御システム開発，ボデー設計，SUV の製品企画に携わる．また，サーキットおける試験車運転資格をもち，テストコースやサーキットにおいて走行実験や評価を行う．
　2012 年　近畿大学工学部知能機械工学科（現ロボティクス学科）准教授
　　　　　　現在に至る

　1999 年　博士（工学）
　1996 年　自動車技術会浅原賞学術奨励賞
　1998 年　日本機械学会賞（論文）
　2015 年　日本機械学会交通・物流大会賞

編集担当　太田陽喬（森北出版）
編集責任　富井　晃（森北出版）
組　　版　アベリー／プレイン
印　　刷　ワコー
製　　本　協栄製本

自動車運動力学
気持ちよいハンドリングのしくみと設計　　　　　　　　　© 酒井英樹　2015
2015 年 12 月 17 日　第 1 版第 1 刷発行　　【本書の無断転載を禁ず】
2023 年 9 月 10 日　第 1 版第 4 刷発行

著　　者　酒井英樹
発 行 者　森北博巳
発 行 所　森北出版株式会社
　　　　　東京都千代田区富士見 1-4-11（〒 102-0071）
　　　　　電話 03-3265-8341／FAX 03-3264-8709
　　　　　https://www.morikita.co.jp/
　　　　　日本書籍出版協会・自然科学書協会　会員
　　　　　JCOPY ＜（一社）出版者著作権管理機構　委託出版物＞

落丁・乱丁本はお取替えいたします．

Printed in Japan ／ ISBN978-4-627-69111-7